O cérebro de luto

Mary-Frances O'Connor

O cérebro de luto

Como a mente nos faz aprender com a dor e a perda

Tradução: Laura Folgueira

Texto fixado conforme as regras do Acordo Ortográfico da Língua Portuguesa (Decreto Legislativo nº 54, de 1995).

Este livro não deve ser usado como substituto do aconselhamento de um profissional de saúde. Para proteger sua privacidade, os nomes de alguns indivíduos foram alterados e, em alguns casos, histórias individuais foram combinadas. As informações contidas neste livro são fruto de cuidadosa pesquisa e todos os esforços foram feitos para garantir sua precisão. Os autores e a editora não assumem nenhuma responsabilidade por quaisquer ferimentos, danos ou perdas decorrentes de seu uso. Todas as informações devem ser cuidadosamente estudadas e claramente compreendidas antes de ser colocada em prática qualquer ação baseada em orientações ou conselhos constantes neste livro.

Título original: *The Grieving Brain*

Editora responsável: Amanda Orlando
Assistente editorial: Isis Batista
Preparação: Theo Cavalcanti
Revisão: Bruna Brezolini e Laize de Oliveira
Diagramação: Miriam Lerner | Equatorium Design
Capa: Renata Zucchini

1ª edição, 2023 — 3ª reimpressão, 2024

CIP-BRASIL. CATALOGAÇÃO NA PUBLICAÇÃO
SINDICATO NACIONAL DOS EDITORES DE LIVROS, RJ

O18c
O'Connor, Mary-Frances
O cérebro de luto : como a mente nos faz aprender com a dor e a perda /Mary-Frances O'Connor ; tradução Laura Folgueira. - 1. ed. - Rio de Janeiro : Principium, 2023.
256 p. ; 21 cm.

Tradução de: The grieving brain : the surprising science of how we learn from love and loss
ISBN 978-65-88132-26-5

1. Luto - Aspectos psicológicos. 2. Perda (Psicologia). 3. Neurociência. I. Folgueira, Laura. II. Título.

23-83054 CDD: 155.937
CDU: 159.942:393.7

Meri Gleice Rodrigues de Souza - Bibliotecária - CRB-7/6439
15/03/2023 20/03/2023

Direitos exclusivos de edição em língua portuguesa para o Brasil adquiridos por Editora Globo S.A.
Rua Marquês de Pombal, 25 — 20230-240 — Rio de Janeiro — RJ
www.globolivros.com.br

A Anna, por me ensinar que há mais
na vida do que o luto.

Sumário

Introdução

Desde que existem relações humanas, lutamos com a natureza avassaladora do luto após a morte de alguém que amamos. Poetas, escritores e artistas nos deram representações comoventes da quase indescritível natureza da perda, uma amputação de parte de nós ou uma ausência que nos sobrecarrega como um casaco pesado. Como seres humanos, parecemos compelidos a tentar comunicar o que é nosso luto, descrever como é carregar esse peso. No século XX, psiquiatras (Sigmund Freud, Elisabeth Kübler-Ross e outros) começaram a descrever de uma perspectiva mais objetiva o que as pessoas que eles entrevistaram sentiam durante o luto e notaram padrões e semelhanças importantes entre as pessoas. Foram escritas grandes descrições na literatura científica sobre o "o quê" do luto — o que ele é, quais problemas causa, até quais são as reações do corpo.

Eu sempre quis entender o *porquê* em vez de só o *quê*. Por que o luto dói tanto? Por que a morte, a ausência permanente daquela pessoa com quem você tem um laço, resulta em sentimentos tão devastadores e leva a comportamentos e crenças inexplicáveis, até para você mesmo? Eu tinha certeza de que parte da resposta estava no cérebro, sede de nossos pensamentos e sentimentos, motivações e comportamentos. Se pudéssemos olhar da perspectiva do que o cérebro está fazendo durante o luto, talvez conseguíssemos achar o *como*, e isso nos ajudaria a entender o *porquê*.

As pessoas muitas vezes perguntam o que me motivou a estudar o luto e me tornar pesquisadora do assunto. Acho que essa pergunta, em geral, vem da simples curiosidade, assim como, talvez, de querer saber se dá para confiar em mim. É provável que você, que está lendo isto, também queira saber se eu passei por isso, se atravessei a noite escura da morte e da perda, se sei do que estou falando e estudando. O luto pelo qual passei não foi pior do que o luto dos outros com quem converso, que descrevem sua perda e sua vida estilhaçada como consequência dessa perda. Mas eu tive perdas. Quando estava no oitavo ano, minha mãe foi diagnosticada com câncer de mama estágio 4. Havia células cancerígenas em todos os linfonodos que o cirurgião tirou ao fazer a mastectomia, então ele soube que já havia metástase em outras partes do corpo dela. Como eu tinha apenas treze anos, só fiquei sabendo muitos anos depois que não era para ela passar daquele ano. Mas eu sabia que o luto chegara à nossa casa, perturbando nossa família, que já estava sofrendo com a separação dos meus pais e a depressão da minha mãe. A casa ficava no alto das Montanhas Rochosas do norte, perto da Divisória Continental, em uma cidade rural que se beneficiava da presença de uma pequena faculdade, na qual meu pai dava aula. O oncologista de minha mãe a descreveu como seu "primeiro milagre": ela viveu mais treze anos — uma colher de chá do Universo para suas duas filhas adolescentes (minha irmã mais velha e eu). Mas, neste mundo, eu era o tônico emocional da minha mãe, seu regulador de humor. Quando me mudei para fazer faculdade, mesmo que isso fosse apropriado para meu desenvolvimento, a depressão dela só piorou. Portanto, meu desejo de entender o luto se originou não tanto de minha experiência pessoal após a morte dela, quando eu tinha 26 anos, mas de um desejo de entender o luto e a dor da minha mãe em retrospecto e de aprender o que eu poderia ter feito para ajudá-la.

Estudei na Universidade Northwestern, nos arredores de Chicago, e estava ansiosa para escapar da vida rural, fazer faculdade em uma cidade onde havia mais pessoas trabalhando em um único quarteirão do que morando na minha cidade natal inteira. A primeira vez que me deparei com uma menção de neuroimagem funcional foi ao ler algumas frases de meu livro *Introduction to Neuroscience* [Introdução à neurociência], no início dos anos 1990. A imagem por ressonância magnética funcional (IRMf) era uma tecnologia novíssima, disponível apenas para um punhado de pesquisadores pelo mundo. Fiquei absolutamente intrigada. Embora não imaginasse que algum dia teria acesso a uma máquina dessas, estava animada com a possibilidade de cientistas conseguirem enxergar a caixa-preta do cérebro.

Dez anos depois, cursando a pós-graduação na Universidade do Arizona, fiz minha tese sobre um estudo de uma intervenção para o luto. Um membro de minha banca avaliadora, psiquiatra, sugeriu que eu tinha uma ótima oportunidade de ver como era o luto no cérebro, e recomendou que eu convidasse os participantes do meu estudo para voltar e fazer uma IRMf. Fiquei dividida. Eu já havia terminado as exigências de meu doutorado em psicologia clínica. Neuroimagem era uma tecnologia inteiramente nova a aprender, com uma curva de aprendizado bem íngreme. Mas, às vezes, todas as estrelas se alinham para um projeto, e, assim, começamos o primeiro estudo de luto com IRMf. O psiquiatra, Richard Lane, havia feito um período sabático na University College de Londres, onde foram desenvolvidos alguns dos primeiros métodos para analisar imagens de IRMf. Lane estava disposto a me ensinar a analisar, mas, mesmo assim, parecia uma tarefa intransponível.

E, apesar disso, as estrelas se alinharam. Por acaso, um psiquiatra alemão, Harald Gündel, queria vir para os Estados Unidos para Lane poder ensinar métodos de neuroimagem a ele também. Gündel e eu nos conhecemos em março de 2000 e sentimos uma conexão imediata. Compartilhávamos da mesma fascinação pela forma como o cérebro mantém as relações humanas que ajudam a regular nossas emoções, bem como da curiosidade pelo que acontece quando essas relações são perdidas. Quem teria imaginado que dois pesquisadores nascidos em países diferentes com uma década de distância teriam tantos interesses sobrepostos? Assim, as peças do estudo se encaixaram. Por causa de minha tese, eu conhecia um grupo de pessoas enlutadas dispostas a se submeter a uma ressonância. Gündel tinha o conhecimento sobre a estrutura e o funcionamento do cérebro. Lane tinha as técnicas de imagem.

Mais um obstáculo exigiu uma intervenção benevolente das estrelas. Gündel só podia vir aos Estados Unidos por um mês; eu estava indo fazer meu internato clínico na UCLA em julho de 2001. Preocupante era o fato de que o escâner de neuroimagem no centro médico de nossa universidade iria ser substituído no único período em que todos estaríamos em Tucson, no Arizona. Mas todas as obras sofrem do mesmo problema:

atraso no cronograma. Então, em maio de 2001, a agenda do escâner estava vazia, mas o aparelho mais antigo continuava disponível. O primeiro estudo de luto com neuroimagem[1] foi feito em quatro semanas, tempo recorde para qualquer projeto de pesquisa. Este livro apresenta os resultados desse estudo, além de muito mais.

Ir para a UCLA me deu a oportunidade de adicionar mais uma especialidade à minha caixa de ferramentas científicas. Terminei ali meu internato clínico, um ano de trabalho no hospital e em clínicas, onde atendi médicos e pacientes com uma série de problemas de saúde mental. Após o internato, embarquei em uma bolsa de pós-doutoramento em psiconeuroimunologia (PNI), um termo chique para estudar como a imunologia se encaixa em nossa compreensão da psicologia e da neurociência. Permaneci por dez anos na UCLA, passando a fazer parte do corpo docente, mas acabei voltando à Universidade do Arizona. Lá, sou chefe do Laboratório de Luto, Perda e Estresse Social (GLASS, na sigla em inglês), um cargo gratificante que me permite dar aula a alunos de graduação e pós-graduação, bem como dirigir o programa de treinamento clínico. Hoje, meus dias são bem diversificados. Passo horas lendo pesquisas e desenhando novos estudos para investigar os mecanismos da efêmera experiência do luto; dou aulas de graduação para turmas grandes e pequenas; trabalho com outros psicólogos clínicos do país e do mundo todo para ajudar a moldar a direção do campo de pesquisa em luto; dou mentoria a alunos de graduação, ajudando-os a desenvolver seus próprios modelos científicos, escrever manuscritos para disseminar suas descobertas na área e dar palestras em nossa comunidade local; e, talvez mais importante de tudo, encorajo o dom de cada estudante para o pensamento científico e os estimulo a nos mostrar sua visão única do mundo por uma lente científica.

Embora meus papéis de pesquisadora, mentora, professora e escritora signifiquem que já não atendo clientes em terapia, tenho muitas oportunidades de ouvir sobre o luto das pessoas nas extensas entrevistas que conduzo para minhas pesquisas. Faço todo tipo de pergunta e também tento ouvir com atenção as pessoas gentis e generosas que estão dispostas a compartilhar suas histórias comigo. A motivação para participar, elas me dizem, é dividir suas experiências com a ciência para que esta possa ajudar o próximo que passar pelas terríveis consequências de perder alguém que ama. Sou grata a cada um, e tentei honrar suas contribuições neste livro.

A neurociência não é necessariamente a disciplina que vem à mente quando pensamos em luto e, com certeza, quando minha busca começou, era menos ainda. Durante meus anos de estudo e pesquisa, acabei percebendo que o cérebro tem um problema a resolver quando um ente amado morre. Não é um problema trivial. Perder a pessoa que é tudo para nós nos domina por completo, porque precisamos de nossos amados tanto quanto precisamos de água e comida.

Felizmente, o cérebro é bom em resolver problemas. Aliás, o cérebro existe exatamente para isso. Depois de décadas de pesquisa, percebi que ele dedica muito esforço a mapear onde estão nossos entes amados enquanto estão vivos para podermos encontrá-los quando precisamos. E o cérebro, com frequência, prefere hábitos e previsões a informações novas. Mas ele tem dificuldade de entender novas informações que não podem ser ignoradas, como a ausência de nosso ente amado. Enlutar-se exige a difícil tarefa de jogar fora o mapa que usávamos para navegar a vida juntos e transformar nosso relacionamento com a pessoa que morreu. Enlutar-se, ou aprender a viver uma vida cheia de significado sem a pessoa que amamos, é, por fim, um tipo de aprendizado. Como aprender é algo que fazemos a vida toda, ver o luto como um tipo de aprendizado pode parecer mais familiar e compreensível e nos dar a paciência de permitir que esse processo extraordinário aconteça.

Quando converso com alunos ou médicos e terapeutas, ou até com pessoas sentadas ao meu lado em um avião, percebo que têm questões ardentes sobre o luto. Elas perguntam: luto é igual a depressão? Quando as pessoas não demonstram seu luto, é porque estão em negação? Perder um filho é pior do que perder um cônjuge? Então, muitas vezes, elas me fazem este tipo de pergunta: conheço alguém cuja mãe/irmão/melhor amigo/marido morreu e, depois de seis semanas/quatro meses/dezoito meses/dez anos, ele ainda está de luto. Isso é normal?

Depois de muitos anos, caiu a ficha de que as pressuposições por trás das perguntas demonstram que pesquisadores de luto não foram muito bem-sucedidos em transmitir o que aprenderam. Foi isso que me motivou a escrever este livro. Estou imersa no que o psicólogo e pesquisador de luto George Bonanno chamou de *nova ciência do luto*.[2] O tipo de luto que abordo neste livro se aplica a quem perdeu um cônjuge, um filho, um melhor amigo ou qualquer um de quem era próximo. Também exploro outras perdas, como a perda de um emprego ou a dor que sentimos quando morre uma celebridade que admiramos muito e nunca conhecemos. Ofereço considerações sobre aqueles de nós que são próximos de alguém que está enlutado para ajudar a entender o que acontece com essa pessoa. Este não é um livro de conselhos práticos, mas, mesmo assim, muitos que o leram me dizem ter aprendido coisas que podem aplicar a suas experiências únicas de perda.

O cérebro sempre fascinou a humanidade, mas novos métodos nos permitem olhar dentro daquela caixa-preta, e o que conseguimos ver nos seduz com respostas possíveis para perguntas antigas. Tendo dito isso, não acredito que uma perspectiva neurocientífica sobre o luto seja melhor do que uma perspectiva sociológica, religiosa ou antropológica. Falo isso com sinceridade, apesar de dedicar toda uma carreira à lente neurobiológica. Acredito que nossa compreensão do luto por essa lente possa melhorar nosso entendimento, criar uma visão mais holística do luto e nos ajudar a nos envolver de novas formas com a angústia e o terror do que é o luto. Neurociência faz parte da conversa de nossos tempos. Compreendendo a miríade de aspectos do luto, focando com mais detalhe a forma como os circuitos cerebrais, neurotransmissores, comportamentos e emoções são engajados durante esse sofrimento, temos a oportunidade de sentir uma nova empatia por aqueles que estão passando por isso. Podemos nos permitir sentir o luto, permitir que os outros sintam o luto e entender a experiência de passar pelo luto — tudo com mais compaixão e esperança.

Você deve ter notado que uso os termos *luto* e *passar pelo luto*. Embora a gente os ouça sendo usados de forma intercambiável, faço uma distinção importante. Por um lado, há o *luto* — a emoção intensa que nos atinge como uma onda, completamente avassaladora, impossível de se ignorar. O luto é um momento que reaparece sem parar. Esses momentos, porém, são distintos do que chamo de *passar pelo luto*, uma expressão que uso para me referir ao processo, não ao momento do luto. Passar pelo luto envolve uma trajetória. Obviamente, sentir luto e passar pelo luto são coisas relacionadas, e é por isso que são utilizadas de forma intercambiável para descrever nossa experiência de perda. Mas há diferenças-chave. Veja, o luto nunca acaba e é uma reação natural à perda. Você experimentará pontadas de luto por essa pessoa específica para sempre. Terá momentos discretos que o dominarão, mesmo anos depois da morte, quando já tiver restaurado sua vida a uma experiência significativa e gratificante. Mas, ainda que você sinta a emoção universalmente humana de luto para sempre, a experiência de passar pelo luto, a adaptação, muda com o tempo. Nas primeiras cem vezes que você tiver uma onda de luto, talvez pense: "Nunca vou superar isso, não consigo suportar". Na centésima primeira, talvez pense: "Odeio isso, não quero isso — mas é familiar e sei que vou superar este momento". Embora o sentimento de luto seja o mesmo, sua relação com ele muda. Sentir luto anos após sua perda pode fazer você questionar se realmente se adaptou. Se você pensa na emoção e no processo de adaptação como duas coisas separadas, então, não é um problema *sentir luto* mesmo quando *passou pelo luto* há muito tempo.

Dá para pensar em nossa jornada juntos neste livro como uma série de mistérios que estamos resolvendo, com a parte I organizada em torno do luto e a parte II organizada em torno do enlutar-se. Cada capítulo aborda uma questão em particular. O capítulo 1 pergunta: por que é tão difícil entender que a pessoa morreu e se foi para sempre? A neurociência cognitiva me ajuda a lidar com essa questão. O capítulo 2 pergunta: por que o luto causa tantas emoções — por que sentimos tristeza, raiva, culpa, responsabilidade e saudade? Aqui, trago a teoria do apego, incluindo nosso sistema de apego neural. O capítulo 3 amplia as perguntas dos dois capítulos anteriores com mais uma: por que leva tanto tempo para entender que a pessoa que amamos se foi para sempre? Explico as múltiplas formas de conhecimento que nosso cérebro detém simultaneamente para resolver o quebra-cabeça. No capítulo 4, temos experiência suficiente para explorar uma questão primária: o que acontece no cérebro durante o luto? No entanto, para entender a resposta a essa pergunta, também consideramos: como nossa compreensão do luto mudou ao longo da história da ciência do luto? O capítulo 5 analisa com mais nuances por que algumas pessoas se adaptam melhor do que outras ao perder alguém, e pergunta: quais são as complicações de um luto complicado? O capítulo 6 reflete sobre por que dói tanto quando perdemos essa pessoa amada específica. É um capítulo sobre como funciona o amor e como nosso cérebro possibilita a conexão que acontece nos relacionamentos. O capítulo 7 aborda o que podemos fazer quando ficamos assoberbados pelo luto. Uso a psicologia clínica para mergulhar nas respostas a essa pergunta.

Na parte II, abordamos o tema de estar enlutado e como podemos começar a restaurar uma vida com significado. O capítulo 8 pergunta: por que ruminamos tanto depois de perder alguém que amamos? Mudar aquilo em que passamos nosso tempo pensando pode mudar as conexões neurais e aumentar nossas chances de aprender a viver uma vida com significado. Deixar de focar o passado, porém, nos leva à pergunta do capítulo 9: por que nos envolveríamos com nossa vida no momento presente se ela está cheia de luto? A resposta inclui a ideia de que só no presente podemos experimentar alegria e a humanidade comum, bem como expressar amor às pessoas vivas que amamos. Do passado e do presente, no capítulo 10 nos voltamos para o futuro e perguntamos: como nosso luto pode mudar se a pessoa nunca voltará? Nosso cérebro é impressionante e nos permite imaginar um número infinito de futuras possibilidades se explorarmos essa habilidade. O capítulo 11 fecha com o que a psicologia cognitiva pode contribuir para nossa compreensão do luto como forma de aprendizado. Adotar a mentalidade de que estar enlutado é uma forma de aprendizado e que sempre estamos aprendendo pode tornar o sinuoso caminho de estar enlutado mais familiar e esperançoso.

Pense que este livro tem três personagens. O mais importante é seu cérebro, maravilhoso por suas habilidades e enigmático em seus processos. É a parte de você que escuta e vê o que acontece quando a pessoa que você ama morre, e que se pergunta o que fazer agora. Seu cérebro é essencial à história, construído por séculos de evolução e centenas de milhares de horas de sua experiência pessoal com amor e perda. O segundo personagem é a ciência do luto, um campo recente, cheio de cientistas e clínicos carismáticos, além dos alarmes falsos e das descobertas excitantes de qualquer empreitada científica. O terceiro e último personagem sou eu, uma sofredora e cientista, porque quero que você confie em mim como sua guia. Minhas próprias experiências de perda não são tão incomuns, mas, com o trabalho de uma vida inteira, espero que você consiga ver por uma nova lente como seu cérebro lhe permite carregar a pessoa que você ama pelo resto da sua vida.

PARTE I

A DOLOROSA PERDA DO AQUI, AGORA E PERTO

1
Caminhando no escuro

Quando estou explicando a neurobiologia do luto, em geral, começo com uma metáfora baseada em uma experiência familiar. Para a metáfora fazer sentido, porém, você tem de aceitar uma premissa. A premissa é que alguém roubou sua mesa de jantar.

Imagine que você tenha acordado com sede no meio da noite. Você sai da cama e vai pegar um copo d'água na cozinha. No corredor, cruza a sala de estar escura. No momento em que seu quadril deveria bater na quina dura da mesa de jantar, você sente... Hum, o que é isso que você sente? Nada. De repente, percebe que não sente nada naquela altura do seu quadril. É disso que você toma consciência — *não* sentir algo, algo específico. A ausência de alguma coisa foi o que chamou sua atenção. O que é estranho — em geral, pensamos que o que chama nossa atenção é *alguma coisa*, então, como *nada* pode fazer isso?

Bom, na verdade, você não está realmente caminhando neste mundo. Ou, mais precisamente, você está caminhando em dois mundos na maior parte do tempo. Um é um mapa de realidade virtual composto inteiramente em sua mente. Seu cérebro está movendo sua forma humana pelo mapa virtual que ele criou, e é por isso que você consegue andar pela sua casa no escuro com relativa facilidade; você não está usando o mundo externo para navegar. Está usando o mapa cerebral para andar nesse espaço familiar, com seu corpo humano chegando aonde seu cérebro mandou.

Dá para pensar nesse mapa virtual do mundo criado pelo cérebro como o Google Maps da sua cabeça. Já ouviu falar da experiência de seguir direções de voz sem prestar atenção totalmente para onde está dirigindo? Em algum ponto, a voz manda você virar numa rua, mas você talvez descubra que a rua na verdade é uma ciclovia. O GPS e o mundo nem sempre batem. Como o Google Maps, seu mapa cerebral confia em informações anteriores que já possui sobre a região. Para mantê-lo seguro, porém, o cérebro tem áreas inteiras dedicadas à detecção de erros — perceber qualquer situação em que o mapa mental e o mundo real não combinam. Ele muda para informação visual quando detecta um erro (e, se for à noite, podemos decidir acender as luzes). Confiamos em nossos mapas mentais porque levar seu corpo pelo seu mapa mental do mundo dessa maneira exige bem menos capacidade de processamento do que caminhar pela sua casa familiar como se fosse sua primeira experiência — como se você descobrisse a cada vez onde ficam as portas, as paredes e os móveis, e decidisse como navegar por cada um deles.

Ninguém espera que a mesa de jantar seja roubada. E ninguém espera que a pessoa que ama morra. Mesmo quando alguém está doente há muito tempo, ninguém sabe como vai ser caminhar pelo mundo sem ele. Minha contribuição como cientista foi estudar o luto da perspectiva do cérebro, da perspectiva de que o cérebro está tentando resolver um problema ao perceber a ausência da pessoa mais importante de nossa vida. O luto é um problema doloroso, de cortar o coração, para o cérebro resolver, e passar pelo luto exige aprender a viver no mundo com a ausência de alguém que se ama profundamente, que está entranhado em sua compreensão do mundo. Isso quer dizer que, para o cérebro, aquele ser amado ao mesmo tempo se foi e também é eterno, e você está caminhando em dois mundos ao mesmo tempo. Está navegando a vida apesar do fato de ele lhe ter sido roubado, uma premissa que não faz sentido algum e que é, ao mesmo tempo, confusa e perturbadora.

Como o cérebro entende a perda?

Como, exatamente, o cérebro o conduz através de dois mundos ao mesmo tempo? Como o cérebro faz você se sentir estranho quando *não* bate o quadril na mesa de jantar que não está lá? Sabemos muito sobre como o cérebro cria mapas virtuais. Encontramos até a localização no hipocampo (a estrutura em forma de cavalo-marinho no fundo do cérebro), onde o mapa cerebral é armazenado. Para entender o que o pequeno computador de matéria cinzenta está fazendo, muitas vezes confiamos em estudos com animais. Os processos neurais básicos dos animais são similares aos dos humanos, e eles também usam mapas cerebrais para se locomover. Em ratos, podemos usar um sensor para captar o sinal elétrico quando um único neurônio dispara. O rato usa capacete enquanto corre, e, quando o neurônio dispara, a localização do rato quando o neurônio disparou é registrada. Isso nos dá informações sobre a quais marcos o neurônio está reagindo e onde.

Em um estudo pioneiro realizado pelos neurocientistas noruegueses Edvard Moser e May-Britt Moser, o rato dá um passeio todos os dias até uma caixa onde seu disparo neural é registrado. Há apenas uma coisa notável na caixa — uma torre azul alta e brilhante feita de LEGO. O rato faz cerca de vinte visitas diárias à sua pequena caixa, e os pesquisadores descobriram, a partir de seu capacete, qual de seus neurônios individuais dispara quando ele se depara com a torre azul. Eles o chamam de célula-objeto, porque dispara quando o rato está na área do objeto. Mesmo com a clara evidência de que as células-objeto disparam quando o rato está perto do objeto, ainda há uma questão de por que isso acontece: o neurônio está disparando porque reconhece os aspectos sensoriais da torre azul (alta, azul, dura) ou está refletindo sobre outro aspecto, como "Humm, já vi isso aqui antes"? Seria interessante se o neurônio estivesse codificando a história da experiência.

Então, os pesquisadores tiraram a torre azul de LEGO da caixa e deixaram o rato fazer várias outras visitas diárias. Surpreendentemente, existiam células neurais que disparavam especificamente quando o rato estava na área onde a torre azul *ficava*. Esses neurônios eram um grupo de células diferente das células-objeto, por isso os pesquisadores os chamaram de células de rastreamento de objeto.[1] As células de rastreamento de objeto eram disparadas com o rastro fantasmagórico onde a torre azul deveria estar, de acordo com o mapa virtual interno do rato. Mas o que foi ainda mais incrível foi que essas células de rastreamento de objeto insistiam em disparar durante uma média de cinco dias depois que a torre azul foi removida, enquanto o rato gradualmente aprendia que a torre azul não iria voltar. A realidade virtual teve de ser atualizada para corresponder ao mundo real, mas isso leva tempo.

Se alguém próximo a nós morre, então, com base no que sabemos sobre células de rastreamento de objeto, nossos neurônios ainda disparam toda vez que esperamos que nosso ente querido esteja na sala. E esse rastro neural persiste até que a gente consiga aprender que nosso ente querido nunca mais estará em nosso mundo físico. Devemos atualizar nossos mapas virtuais, criando uma cartografia revisada de nossa nova vida. É de se admirar que sejam necessárias muitas semanas e meses de luto e novas experiências para reaprender o caminho?

Uma questão de mapas

Normalmente, os cientistas tentam encontrar a explicação mais simples para o que veem, e os mapas não são necessariamente a explicação mais simples para como localizamos as coisas. Outra explicação para aprender que uma torre azul está em determinado local é o simples condicionamento, uma associação aprendida durante o treinamento. Mas ocorre algo mais complicado que uma associação aprendida, e sabemos disso por causa da pesquisa iniciada pelo neurocientista John O'Keefe, um mentor para os pesquisadores que encontraram células de rastreamento de objeto. O'Keefe e Lynn Nadel (agora minha colega na Universidade do Arizona) tiveram uma ideia revolucionária na década de 1970.

Os cientistas conceberam um experimento para comparar as duas ideias — associação aprendida *versus* ter um mapa mental. Uma hipótese é que um rato aprende onde encontrar comida lembrando-se de uma série de voltas de onde ele começa até onde ele encontra víveres como recompensa. É um aprendizado por meio de pistas, ou seja, o animal está respondendo às pistas que já viu antes, uma associação. A outra hipótese é que o rato tem um mapa do mundo em seu cérebro (mais especificamente, em seu hipocampo) e encontra os víveres saborosos indo até onde eles estão em seu mapa cerebral. Isso é aprendizado do lugar, em oposição ao aprendizado por meio de pistas.

O'Keefe e Nadel construíram uma caixa com furos uniformemente espaçados onde os alimentos poderiam aparecer. Quando o rato é colocado em uma entrada da caixa, ele pode facilmente aprender, por exemplo, a virar à direita, passar por dois buracos e conseguir comida no terceiro buraco. Mas, se ele estiver apenas aprendendo essas pistas, o mesmo plano não funcionará quando os pesquisadores colocarem o rato em uma entrada diferente da caixa. Então, se ele virar à direita e passar por dois buracos, não receberá nenhum mantimento delicioso no terceiro buraco. Por outro lado, se o rato tiver um mapa interno da caixa inteira, não importa em qual entrada ele seja colocado inicialmente. Ele simplesmente correrá até o buraco onde os alimentos aparecem, sabendo a localização do buraco em relação à caixa inteira.[2]

Acontece que os ratos têm um mapa de toda a área. O experimento mostrou que os ratos usam aprendizado do lugar em vez de aprendizado por meio de pistas. De fato, neurônios individuais disparam em determinados lugares da caixa, um tipo de código que representa cada local. Esses neurônios individuais são chamados de células de lugar. Eles nos ajudam a acompanhar onde estamos no mundo, mas também onde outras coisas importantes estão, como uma fonte consistente de alimento. Os seres humanos, da mesma forma, têm células de lugar para a geladeira. Não importa se entramos pela porta da frente ou pela porta de trás de casa, podemos ir até a geladeira usando nosso mapa cerebral.

Nossos entes queridos são tão importantes para nós quanto a comida e a água. Se eu lhe perguntar agora onde está seu namorado ou namorada ou aonde você iria para buscar seus filhos, você provavelmente tem uma boa ideia de como localizá-los. Usamos mapas cerebrais para encontrar nossos entes queridos, para prever onde estão e para procurá-los quando estão ausentes. Um problema importante no luto é que existe um desencontro entre o mapa virtual que sempre usamos para encontrar nossos entes queridos e a realidade, depois que eles morrem, de que eles não podem mais ser encontrados nas dimensões do espaço e do tempo. A improvável situação de não estarem no mapa, o alarme e a confusão que isso causa são algumas das razões pelas quais o luto nos atordoa.

A evolução vive fazendo remendos

As primeiras criaturas móveis precisavam encontrar alimento, uma necessidade básica da vida. O mapa neural provavelmente foi desenvolvido a fim de saber aonde ir para atender a essa necessidade. Mais tarde, em particular com o desenvolvimento dos mamíferos, surgiu outra necessidade de estar com outros membros da espécie, cuidar deles, defendê-los e se acasalar com eles. São o que chamamos de necessidades de apego. No momento, vamos pensar na necessidade de alimento e na necessidade de entes queridos (apego) como problemas similares que o mamífero tem de resolver. Veja, comida e entes queridos são obviamente coisas diferentes. Nem sempre se encontram os alimentos no mesmo lugar, mas aqueles que amamos são independentes e, portanto, ainda menos previsíveis.

Tomemos um exemplo de mamíferos simples para ver como ainda podemos usar mapas cerebrais como solução para o problema de localização de nossos entes queridos. Um dos meus programas de televisão favoritos, *Meerkat Manor*,[3] documenta a vida dos suricatos no deserto do Calaári. Os suricatos são pequenos roedores que se parecem um pouco com cães-da-pradaria. O programa é uma espécie de cruzamento de *Wild Kingdom* com a novela *The Young and the Restless*. A família de suricatos "Whiskers" é encabeçada por uma sábia e feroz fêmea alfa chamada Flower. A cada dia, Flower e sua tribo forrageira se dirigem para a savana para pegar os escaravelhos, escorpiões e outros itens saborosos que o deserto proporciona para sua sobrevivência. Alguns membros da tribo ficam em casa como babás e guardam os suricatos bebês, que são completamente indefesos. Os suricatos procuram comida a uma distância enorme e, no entanto, retornam para casa com segurança todas as noites e encontram seus bebês pequenos e suas babás entediadas. Eles sabem com que frequência devem retornar a uma área depois de terem esgotado suas opções alimentares. Fazem toda essa navegação apesar de, a cada poucos dias, os suricatos mudarem toda a sua ninhada para uma toca subterrânea diferente. Há centenas dessas tocas, e os suricatos evitam predadores, rivais, pulgas e a manutenção geral da casa mudando-se regularmente. O mapa virtual que esses pequenos mamíferos têm em seu hipocampo deve ser vasto, e mesmo assim eles voltam para casa toda vez sem qualquer dificuldade aparente.

A evolução dotou as criaturas sociais da capacidade computacional de mapear seu ambiente, saber onde estão as boas fontes de alimento e quando voltar a uma área depois de ter comido lá. Mas a evolução vive fazendo remendos e, quando surge uma nova necessidade, usa a maquinaria disponível em vez de desenvolver todo um novo sistema cerebral. Portanto, parece provável que o mesmo mapeamento codificado nos neurônios para encontrar alimentos também seja usado para mapear onde os mamíferos mantêm seus bebês e como voltar para eles ao final do dia. Ou como voltar para eles em uma emergência, como no episódio em que Flower corre de volta quando vê um falcão perigoso voando em círculos sobre a toca onde seus bebês estão escondidos. Como humanos, mapeamos onde nossos entes queridos estão no mapa virtual em nossa cabeça usando três dimensões. As duas primeiras dimensões estão diretamente relacionadas às mesmas que usamos para encontrar alimento — espaço (onde está) e tempo (quando é bom forragear lá). A terceira dimensão eu chamarei de proximidade. Uma maneira de garantir que nossos entes queridos sejam mais previsíveis é por meio de nosso vínculo. A probabilidade de encontrá-los aumenta se eles se sentirem motivados a esperar que voltemos para casa ou se tiverem o desejo de nos procurar caso não voltemos. Essa corrente invisível, esse vínculo de proximidade, é o que o psiquiatra britânico John Bowlby chamou de apego.[4] Considerar a proximidade como uma dimensão é uma ideia nova, e vou contar mais sobre o que quero dizer com isso no capítulo 2. Por enquanto, vamos nos concentrar nestas três dimensões gerais: *aqui*, *agora* e *perto*.

O vínculo de apego

Como aprendemos as dimensões de *aqui*, *agora* e *perto*? Quando um bebê nasce, ele se sente seguro e protegido quando está em contato com sua cuidadora. Nesta seção, vou me referir à cuidadora como sendo uma mulher, mas não há razão para que não possa ser um pai. Para fazer um contraste, chamarei o recém-nascido de "ele". Durante o apego físico com a mãe, o contato pele com pele, o bebê se sente calmo e feliz e tem capacidade mental suficiente para saber a diferença entre ter contato físico e não ter contato físico. Nesse ponto, o bebê não entende direito a diferença entre ele e a pessoa a quem está literalmente ligado fisicamente, mas há um instinto inato de chorar quando deseja esse contato. O bebê aprende que, se não há contato, o choro traz a mãe de novo para esse contato, com um maravilhoso resultado calmante. O cérebro do bebê se desenvolve um pouco mais, e agora ele tem uma sensação do vínculo de apego mesmo quando há distância (a dimensão espacial). Se o bebê consegue ver a mãe no quarto ou mesmo ouvi-la no cômodo ao lado, há uma sensação de que as necessidades de apego podem ser atendidas. Aqui temos a primeira realidade virtual, a representação mental da mãe, baseada em sinais de ver ou ouvir, e não apenas no toque físico. Esse é o vínculo de apego que atravessa o espaço, como uma corda invisível. A mãe é igualmente reconfortante do outro lado da sala, e o bebê pode continuar com o que quer que queira fazer porque se sente seguro.

Em seguida, o bebê aprende sobre a dimensão do tempo. Em algum momento do primeiro ano, o bebê começa a chorar quando a mãe desaparece. Embora a maioria das pessoas suponha que isso se deva ao desenvolvimento do vínculo emocional com a mãe, há mais do que isso. O cérebro do bebê precisa se desenvolver de uma maneira específica antes que esse choro inconsolável aconteça quando a mãe vai embora. O que o bebê precisa é de uma memória de trabalho. Sua capacidade de memória de trabalho aparece devido a novas conexões neurais entre partes do cérebro. Agora o bebê consegue manter em sua mente a memória do que aconteceu de trinta a sessenta segundos atrás (mamãe estava aqui) e o que está acontecendo agora (mamãe não está aqui) e relacionar os dois. Infelizmente, ele ainda não consegue lidar com a incerteza do que a ausência dela pode significar. Portanto, embora seu cérebro tenha amadurecido o suficiente para reconhecer que o presente é uma alteração do passado, sua única opção é gritar na esperança de que a mãe o escute e volte.

Em algum momento, com a experiência, ele descobre que, embora a mãe possa estar ausente, ela sempre volta. A criança passa a saber que pode esperar por um episódio, ou talvez dois, de *Vila Sésamo*, e, então, com certeza, a mãe estará de volta e tudo ficará bem. Agora a mãe ainda está presente na realidade virtual na mente da criança, mesmo quando está fora de vista e não pode ser ouvida. As necessidades de apego por amor e segurança não são avassaladoras, porque a criança pode consultar o conhecimento reconfortante de que a mãe voltará. Assim, o vínculo de apego os amarra através do tempo.[4]

O espaço e o tempo foram cooptados de dimensões que o cérebro estava usando para achar comida. Os mamíferos que aplicaram essas mesmas dimensões a suas cuidadoras sobreviveram e passaram à frente seus genes. Os bebês que ficaram à vista da mãe sobreviveram a predadores, e as crianças pequenas que esperaram onde estavam até a mãe voltar com alimento tiveram uma nutrição melhor e ficaram fortes. O apego se desenvolveu porque o cérebro aplicou uma solução de um problema a outro, conforme as novas espécies de mamíferos se desenvolviam.

Quando as dimensões já não se aplicam

Nossa necessidade de apego — a necessidade de conforto e segurança para nossos entes queridos — exige que saibamos onde eles estão. Quando passei da graduação para a pós-graduação, mudei-me para uma nova universidade em uma cidade diferente. Minha mãe insistiu em vir me visitar em minha nova casa. "Preciso conseguir visualizar onde você está agora", disse ela. Aquilo a ajudou a se sentir mais próxima de mim, e acho que mapear onde eu estava fez com que ela sentisse menos a minha ausência.

Se usarmos estas três dimensões — *aqui*, *agora* e *perto* — no mapa virtual de nosso cérebro para localizar e acompanhar nossos entes queridos, a morte é um problema particularmente avassalador. De repente, você é informado (e, em um nível cognitivo, você acredita) de que seu ente querido não pode mais ser localizado no espaço e no tempo. Em outro nível, isso não faz sentido; o cérebro não consegue prever essa possibilidade, porque está fora da experiência dele. A ideia de que uma pessoa simplesmente não existe mais não segue as regras que o cérebro aprendeu durante uma vida inteira. Uma mobília não desaparece magicamente. Se a pessoa que amamos desaparece, nosso cérebro supõe que ela esteja em outro lugar e que será encontrada mais tarde. A ação necessária em resposta à sua ausência é bastante simples: ir procurar a pessoa, chamar, mandar uma mensagem, telefonar ou usar qualquer meio possível para chamar sua atenção. A ideia de que a pessoa simplesmente não está mais neste mundo dimensional não é uma resposta lógica à sua ausência no que diz respeito ao cérebro.

Já mencionei que podemos comparar a necessidade de apego com a necessidade de alimento. Agora, imagine que você tenha acordado um dia e preparado seu café da manhã, mas, por algum motivo, ao se sentar para comer, não havia nada no prato. Nenhum café na xícara. Você fez tudo certo, seguiu os procedimentos de como preparar o café da manhã, mas eis a pegadinha — durante a noite, o mundo mudou completamente e, por algum motivo, já não há comida para comer. Você pede em um restaurante, e o garçom vai e volta para servir você, mas não entrega nada. Essa situação bizarra é tão estranha quanto a completa confusão que pode ocorrer quando nos dizem que alguém que amamos morreu. Essa confusão não é igual a uma simples negação, embora possa ser assim que os outros a descrevam. Em vez disso, é a completa desorientação que as pessoas vivenciam no luto agudo.

Será que estou enlouquecendo?

A primeira pessoa que atendi como psicoterapeuta que estava lidando com o luto tinha certeza de estar "enlouquecendo". Ela tinha vinte e poucos anos, e seu pai morrera de repente num acidente violento. Ela estava convencida de tê-lo visto na rua após o acidente, usando sua bandana de sempre, e não conseguia esquecer essa experiência. Acreditava verdadeiramente que o vira, e ao mesmo tempo sabia que não era possível. Pior de tudo, torcia para vê-lo de novo, embora estivesse preocupada com a aparência dele depois de sofrer ferimentos fatais.

Buscar por nossos entes queridos depois que eles morreram é uma experiência muito comum. Segurar e cheirar as coisas deles para se sentir próximo também é bastante comum, e não quer dizer que a pessoa esteja louca (apesar do que Hollywood pode sugerir). O que importa é sua intenção.

Uma coisa é estar assoberbada de saudade de seu marido falecido e buscar algo que a lembre dele, que lembre o tempo que vocês passaram juntos. Mas se, anos depois da morte de sua filha, você manteve o quarto dela exatamente como estava no dia em que ela faleceu, com os mesmos lençóis na cama, intocados desde que ela saiu deles quando acordou naquele dia fatídico, e você passa tempo no quarto tentando recriar sua experiência antes de ela morrer, isso pode ser problemático. Qual é a diferença? No primeiro caso, você está presente e lembrando o passado, com toda a dor, a tristeza e o sabor agridoce de ter conhecido e amado a pessoa. No segundo, você está tentando viver no passado, fingindo que o tempo parou. E, por mais que possamos torcer e lutar e desejar, nunca poderemos parar o tempo. Nunca poderemos voltar atrás. Em algum momento, precisamos sair daquele quarto e levar um tapa na cara da realidade presente.

Quando a jovem que fazia terapia comigo ouviu que não precisava ser internada por causa da visão do pai, já que não estava "louca", tornou-se capaz de falar de seu luto. Conseguiu colocar em palavras o quanto ainda precisava do pai, porque se sentia muito jovem e insegura sobre o futuro. Esse desejo, de muitas formas, está no cerne do luto.

Buscando na noite

As religiões do mundo há muito honraram esse desejo de encontrar entes queridos que se foram nas dimensões do tempo e do espaço. Para onde foram? Será que vou vê-los de novo? Na esteira da morte de quem amamos, temos uma necessidade avassaladora de procurá-los, e essa necessidade com frequência vem no exato momento em que muitas pessoas se voltam à religião para entender o significado da vida e seu lugar no Universo. As religiões fornecem respostas que acalmam e confortam os enlutados. Em geral, descrevem um lugar onde os falecidos agora vivem (Paraíso, a Terra Pura budista, o Submundo do outro lado do rio Estige) e um momento em que os veremos de novo (Día de los Muertos, o festival japonês Obon, o Dia do Juízo Final). Em muitas culturas, as pessoas visitam o túmulo ou altar em casa onde se sentem próximos à pessoa amada que morreu para conversar ou pedir conselhos. O fato de que tantas culturas diferentes tenham dado uma resposta muito concreta a *onde* e *quando* talvez seja um indicativo de que o desejo forte de buscar e mapear o paradeiro de nossos entes queridos (o desejo de tê-los *aqui* e *agora*) é biológico. Essa evidência biológica está entranhada em algum lugar do cérebro — se soubéssemos como procurar.

Claro, a importância de um mapa onde estão nossos entes queridos apresenta algumas questões empíricas: as pessoas usam o mesmo mapa virtual quando lhes perguntam onde estão seus entes queridos falecidos e quando lhes perguntam onde estão seus entes queridos vivos? Esse mapa fica no hipocampo? Mais importante: a confiança no paradeiro de nossos entes queridos, bem como em nosso futuro acesso a eles, traz conforto após a perda? Não temos evidência neurocientífica para opinar sobre isso (ainda!). Mas um estudo fascinante sobre a reação de estresse de indivíduos enlutados e suas crenças religiosas lança alguma luz sobre essas perguntas.

Primeiro, lembre-se de que, quando estamos chateados, nossa pressão sobe, e, quando nos sentimos confortados, ela se normaliza. Durante o luto, sabemos que a pressão arterial média sobe em comparação à das pessoas semelhantes que não estão de luto. O sociólogo Neal Krause, da Universidade de Michigan, apontou que, quando ficamos repetidamente tristes pela perda de um ente querido, crenças e rituais religiosos podem ser uma forma relaxante e eficaz de nos ajudar a lidar com isso. Essa resposta relaxante deve ser visível na pressão arterial e nas taxas de hipertensão (pressão alta que persiste ao longo do tempo). Krause montou um estudo engenhoso em que pesquisadores entrevistaram japoneses mais velhos, alguns dos quais haviam passado pela morte de um ente querido. Aqueles que estavam de luto e acreditavam numa vida boa após a morte não desenvolveram hipertensão três anos depois. Pareciam estar protegidos por essa crença. O interessante é que acreditar em uma vida boa após a morte não previu menos hipertensão em japoneses mais velhos que não estavam de luto. Essa crença só foi preditora de pressão arterial normal naqueles que estavam lidando com o estresse do luto e que precisavam do conforto relaxante de saber disso.

Não é papel do neurocientista determinar se as crenças religiosas estão corretas ou não; em vez disso, estamos interessados em saber se a forma como pensamos em nossos laços sociais pode afetar nossa saúde física e mental. Pode haver similaridades entre como o cérebro lida com um problema (saber onde estão nossos entes queridos enquanto estão vivos) e outro (ficar conectado a nossos entes queridos agora que não podemos estar com eles). Independentemente da veracidade dos ensinamentos religiosos, com a neurociência podemos compreender mais sobre como o cérebro permite que experimentemos esta coisa espantosa chamada vida. Entender o que é relaxante para aqueles que estão procurando um ente querido falecido pode dar origem a novas ideias de como confortar outras pessoas que estão passando pelo luto. Talvez achar formas de oferecer esse conforto permita que o cérebro e o coração delas descansem durante essa experiência de perda incrivelmente estressante.

Preenchendo as lacunas

Além de carregar mapas virtuais amplos, outra das maravilhas do cérebro é ser uma máquina de previsões incrivelmente boa. Boa parte do córtex está configurada para receber informações e compará-las com o que aconteceu antes, com o que ele aprendeu, com a experiência, a esperar. E, como o cérebro é excelente em fazer previsões, frequentemente só preenche informações que não estão lá de verdade — ele completa os padrões que espera ver. Por exemplo, as pessoas veem rostos em tudo, de nuvens a torradas, preenchendo lacunas. Nós nos esforçamos para criar inteligência artificial que seja tão boa em completar padrões quanto os seres humanos. Podemos até medir essa capacidade de previsão em nossos neurônios. Quando o cérebro percebe até mesmo uma pequena violação do que ele espera, há um padrão particular de disparos dos neurônios que pode ser visto com um eletroencefalograma (EEG). Uma touca de eletrodos de EEG no couro cabeludo humano mostra uma mudança de voltagem quando o cérebro detecta que aconteceu a coisa "errada" milissegundos depois. Quando seu quadril não bate na mesa de jantar enquanto você caminha no meio da noite, por exemplo, a voltagem de seus neurônios muda momentaneamente.

A previsão é essencial para quase todos os comportamentos humanos. Comparamos a sensação esperada da mesa de jantar em nosso quadril com a ausência de sensação que recebemos por meio de nossos nervos sensoriais. É importante, porém, notar que o cérebro já registrou o que ele *acha* que sentiu.

O processamento de informações sensoriais é muito rápido e filtrado por expectativas. Quando você andou pelo espaço antes ocupado pela mesa de jantar, seu cérebro sentiu de verdade a mesa. *Depois* ele notou a diferença entre o padrão de sensação que esperava e registrou o que realmente aconteceu. Imagine um homem cuja esposa voltava para casa do trabalho todo dia às seis da tarde durante anos. Após a morte dela, quando ele escuta um som às seis da tarde, seu cérebro simplesmente preenche a porta da garagem se abrindo. Naquele momento, o cérebro dele acreditou que a esposa estava chegando em casa. E, aí, a verdade traz uma nova onda de luto.

É com esse cálculo neural do sincronismo dos acontecimentos que o cérebro aprende. O neurocientista canadense Donald Hebb foi notoriamente parafraseado dizendo: "Neurônios que disparam juntos se ligam juntos". Isso quer dizer que uma sensação (ouvir um barulho) e os acontecimentos que se seguem (minha esposa entra pela porta) causam o disparo elétrico de milhares de neurônios. Quando esses neurônios disparam muito próximos, tornam-se mais fisicamente conectados. Os neurônios são alterados fisicamente. Neurônios mais conectados têm mais probabilidade de serem disparados juntos da próxima vez. Quando uma experiência se repete várias e várias vezes, o cérebro aprende a disparar os mesmos neurônios a cada vez, de modo que "som às seis da tarde" dispara "esposa chegou".

É preciso mais tempo para você consultar outras partes de seu cérebro que relatam que sua esposa já não está viva e não teria como abrir a porta da garagem. Nesse meio-tempo, a discrepância entre o que você já registrou (sua esposa está entrando pela porta) e o que você sabe que é verdade (sua esposa morreu) leva a uma dolorosa onda de luto. Às vezes, isso acontece tão rápido, que fica abaixo do limiar da consciência, e só percebemos que de repente somos tomados pelas lágrimas. Portanto, talvez não seja tão surpreendente "vermos" e "sentirmos" nossos entes queridos depois da morte deles, especialmente logo depois. Nosso cérebro os está preenchendo, completando a informação que chega de todos os lados, já que eles são a associação seguinte numa cadeia de acontecimentos confiável. Vê-los e senti-los é bem comum, e definitivamente não é evidência de que algo esteja errado conosco.

Além do mais, nossas previsões mudam lentamente, porque o cérebro sabe que não deve atualizar todo o seu plano de previsões com base em um único evento. Nem mesmo dois eventos ou uma dúzia deles. O cérebro computa as probabilidades de que algo aconteça. Você viu sua amada ao seu lado na cama ao acordar toda manhã por dias e semanas, meses e anos. É uma experiência vivida confiável. O conhecimento abstrato, como o de que todo mundo vai morrer um dia, não é tratado do mesmo jeito. Nosso cérebro confia em nossa experiência vivida e faz previsões com base nela. Quando você acorda um dia e sua amada não está na cama ao seu lado, a ideia de que ela morreu simplesmente *não é verdade* em termos de probabilidade. Para nosso cérebro, não é verdade no dia um, ou no dia dois, nem por muitos dias depois da morte dela. Precisamos de novas experiências vividas suficientes para ele desenvolver novas previsões, e isso leva tempo.

A passagem do tempo

O cérebro aprende com ou sem nossa intenção. Ele não espera pacientemente até dizermos "Ei, Siri", para então começar a codificar o que acontecer em seguida. Nosso cérebro registra continuamente a informação recebida por todos os nossos sentidos, construindo um vasto armazém de probabilidades e possibilidades, notando associações e paralelos entre acontecimentos. Muitas vezes, isso acontece sem nossa consciência dessas sensações ou das associações feitas. Esse aprendizado não intencional tem prós e contras. Como a aprendizagem não está relacionada a nossas intenções, o cérebro está aprendendo as reais contingências do mundo, mesmo quando as ignoramos ou não as notamos conscientemente. Seu cérebro continua a notar o fato de que seu ente querido não está mais presente dia após dia, e usa essa informação para atualizar suas previsões sobre se estará lá amanhã. É por isso que dizemos que o tempo cura. Mas, na verdade, tem menos a ver com tempo e mais com experiência. Se você ficasse em coma por um mês, não aprenderia nada sobre como funcionar sem seu marido depois de sair do coma. Mas, se você seguir sua vida cotidiana por um mês, mesmo sem fazer nada que alguém reconheça como "passar pelo luto", terá aprendido muitíssimas coisas. Você aprenderá que ele não foi tomar café da manhã 31 vezes. Quando você teve uma história engraçada para contar, ligou para sua melhor amiga, não para o seu marido. Quando lavou as roupas, não colocou nenhuma meia na gaveta.

Então, o cérebro usa um mapa virtual para nos locomovermos e acharmos comida, e provavelmente evoluímos e passamos a usar esse mapa também para rastrear aqueles que amamos. Quando experimentamos uma perda por meio da morte, nosso cérebro, inicialmente, não consegue compreender que as dimensões que costumamos usar para localizar nosso ente querido simplesmente não existem mais. Podemos até procurá-lo, sentindo que podemos estar um pouquinho loucos por fazer isso. Se sentirmos que sabemos onde ele está, mesmo num lugar abstrato como o Paraíso, podemos sentir o conforto de que nosso mapa virtual só precisa ser atualizado para incluir um local e um tempo em que nunca estivemos. Essa atualização também inclui mudar nosso algoritmo de previsões, aprendendo as lições dolorosas de não preencher as lacunas com as visões, os sons e as sensações de quem amamos.

Lembre-se de que o cérebro não consegue aprender tudo de uma vez. Não dá para ir de aritmética a cálculo sem muitos, muitos dias praticando tabuada e resolvendo equações diferenciais. Da mesma forma, você não pode se forçar a aprender do dia para a noite que seu ente querido se foi. Pode, porém, permitir que seu cérebro tenha experiências, dia após dia, que vão ajudar a atualizar aquele computadorzinho cinzento. Absorver tudo ao nosso redor, o que atualiza nosso mapa virtual e o que nosso cérebro acha que vai acontecer em seguida, é um bom começo para ser resiliente frente a uma grande perda.

2
Procurando proximidade

Na infância, quando somos fortemente apegados a nossos cuidadores e completamente dependentes deles, aprendemos a compreender nosso papel na proximidade. Percebemos que alguns de nossos comportamentos deixam o papai bravo e que, quando ele está bravo, não gostamos de nos sentir desconectados dele. No fim, acabamos aprendendo a ver nossas ações da perspectiva do papai e prever que, se pintarmos a parede, ele não vai pegar a gente no colo e nos abraçar quando nos encontrar com giz de cera na mão. Aprendemos que nosso comportamento é um elemento causal na dimensão proximidade/distância. Por outro lado, também descobrimos que nosso apego, nossa proximidade, persiste apesar do que sentimos em uma situação específica. Mesmo que papai fique bravo com a gente por pintar a parede, ele vai nos salvar do caminhão em alta velocidade se estivermos brincando no meio da rua. Ou, se sofrermos um acidente de trânsito no carro dos nossos pais depois de tirarmos a carteira de motorista, eles podem nos surpreender mostrando alívio e gratidão por estarmos fisicamente seguros apesar do dano causado. Essa proximidade do apego muitas vezes transcende as emoções momentâneas que eles sentem por nós, pelo menos em relações seguras. A proximidade está parcialmente sob nosso controle, e aprendemos a manter e alimentar essa proximidade, mas também confiamos em quem amamos para mantê-la.

A proximidade é uma terceira dimensão de como mapeamos *onde* nossos entes queridos estão, além de mapearmos onde eles estão nas dimensões do *aqui* (espaço) e do *agora* (tempo). Compreendo como uma terceira dimensão porque acredito que a proximidade é entendida pelo cérebro de forma muito semelhante ao tempo e ao espaço. Os psicólogos também chamaram isso de distância psicológica. A maneira mais fácil de imaginar o conceito é em resposta à pergunta "Você e sua irmã são próximos?". O psicólogo Arthur Aron descreveu a proximidade ao representar você e a pessoa que você ama com círculos.[1] Ele chamou de escala de Inclusão do Outro no Eu. Considerando que ele é cientista, acho uma descrição bastante poética.

Em uma extremidade da escala, os dois círculos se posicionam um ao lado do outro, mal se tocando. Na outra extremidade da escala, os dois círculos estão quase completamente sobrepostos, com apenas pequenas luas crescentes aparecendo nas bordas externas para representar os indivíduos distintos. No meio da escala, os círculos se interceptam em seus polos. As pessoas podem indicar com segurança o quanto estão próximas de seu ente querido escolhendo o conjunto de círculos que melhor se encaixa na relação. Na métrica dos círculos sobrepostos, as áreas onde meu melhor amigo e eu não nos sobrepomos são muito pequenas. Na outra extremidade da dimensão da proximidade, a distância psicológica pode ser igualmente poderosa. Em uma sala cheia de familiares, você pode se sentir como se estivesse em um planeta alienígena, sem interesse em compartilhar sua vida e sem acreditar que eles o compreenderiam caso você o fizesse.

Estar presente

A proximidade é dimensional no sentido em que espaço e tempo são dimensionais. Assim como usamos o tempo e o espaço para prever quando e onde veremos nossa esposa ou nosso marido da próxima vez, podemos usar a proximidade emocional para prever se eles vão "estar lá" para nós. Em uma extremidade da dimensão da proximidade, quando eu e meu parceiro chegamos em casa à noite, posso ter certeza de que poderei me aconchegar em seus braços e que ele vai acalmar meu dia terrível. Por outro lado, se nosso relacionamento estiver passando por problemas, o melhor que posso esperar é nos sentarmos juntos no sofá e vermos TV por hábito. Se recentemente a gente brigou, posso ignorá-lo ou até fechar a cara, advertindo-o subliminarmente para ficar longe.

Como a proximidade é uma métrica com a qual rastreamos "onde" estamos em relação a nossos entes queridos, o cérebro tem dificuldade de entender o que aconteceu quando a pessoa morre e essa dimensão desaparece. No caso do espaço e do tempo, se nosso ente querido não está presente, nosso cérebro simplesmente acredita que ele está longe ou que vai estar aqui mais tarde. Para o cérebro, é muito improvável que essas dimensões não se apliquem mais, que a pessoa não possa ser encontrada *aqui* ou *agora*. Quando um ente querido falece, podemos até sentir que não estamos mais próximos, mas nosso cérebro não consegue acreditar que é porque a "proximidade" não se aplica mais. Em vez disso, ele acha que é porque a pessoa está chateada conosco ou distante. Se ela não está respondendo, mesmo a gente sabendo logicamente que não tem como, o cérebro pode acreditar que não estamos nos esforçando o suficiente para alcançá-la, não estamos apelando fervorosamente o bastante para que volte para nós.

Ghosting

O oposto de proximidade é sentir a ausência do parceiro ou parceira. A ausência dispara alarmes emocionais, revelando a calma e o conforto da proximidade que nos fazem falta. A ausência inesperada nos alarma ainda mais. Há algum tempo, uma amiga minha começou uma relação de longa distância com um rapaz que morava do outro lado do país. Anos antes, eles haviam se conhecido como amigos quando trabalhavam no mesmo lugar e permaneceram em contato por e-mail depois que ela se mudou. Em certo momento, os dois ficaram solteiros e as conversas se tornaram íntimas. Eles trocavam mensagens sem parar todos os dias. Então, um dia, sem aviso prévio, ele parou de responder. Nenhum e-mail, nenhuma mensagem, nenhuma explicação, nenhuma ideia do que havia acontecido. O cara passou de intimamente próximo a perplexamente distante em uma única noite. Acabar com um relacionamento sumindo de repente e inexplicavelmente, cortando qualquer comunicação, até ganhou um termo próprio em nosso mundo tecnológico moderno: *ghosting*.

Além de sentir profunda empatia pela dor de minha amiga, fiquei impressionada com as intensas reações emocionais que ela teve. Quando conversamos nos dias posteriores, ela estava, claro, profundamente magoada e embargada. Ela também sentiu raiva dele e escreveu vários e-mails furiosos dizendo que só queria uma explicação e que o que ele estava fazendo era inacreditavelmente cruel. Nem preciso dizer que ela passou horas considerando o que poderia ter acontecido. Será que tinha feito algo para ofendê-lo, mesmo não conseguindo pensar no que poderia ser? Será que ele se sentiu vulnerável depois de se abrir para ela e decidiu que não conseguia encará-la?

É claro que, em algum momento, também consideramos a possibilidade de ter ocorrido um terrível acidente e ele ter morrido. Embora não tenha sido o caso, percebi algo importante. Quando um ente querido morre, podemos sentir muitas emoções fortes além da tristeza. Sentimos pesar, ou culpa, ou raiva, ou o que poderíamos chamar de emoções sociais. Em um nível emocional subconsciente, podemos sentir que ele nos deu um *ghosting* e experimentar essas mesmas emoções intensas e motivadoras de raiva ou culpa. Quando nosso ente querido está vivo, essas emoções nos levariam a reparar a relação — a pedir desculpas, a consertar algo que aconteceu ou a dizer que estamos chateados para que eles possam nos compensar. Mas, ao contrário de em uma briga, quando alguém morre não há chance de resolução.

Ver minha amiga passando por essa separação dolorosa reforçou um ponto vital. Se o cérebro não consegue entender que algo tão abstrato como a morte aconteceu, ele não consegue entender onde o falecido está no espaço e no tempo nem por que ele não está *aqui*, *agora* e *perto*. Da perspectiva do seu cérebro, o que acontece quando um ente querido morre é igualzinho a um *ghosting*. No que diz respeito ao cérebro, a pessoa não morreu. Ela só, sem nenhuma explicação, parou de retornar nossas ligações — parou de se comunicar conosco por completo. Como alguém que nos ama pode fazer isso? Ela se distanciou ou foi incrivelmente cruel, e isso é enfurecedor. Seu cérebro não entende por quê; não entende que as dimensões podem simplesmente desaparecer. Se a pessoa não parece próxima, então simplesmente parece distante, e você quer consertar isso em vez de acreditar que ela desapareceu permanentemente. Essa (des)crença leva a um intenso afloramento de emoções.

Raiva

A tristeza é provavelmente a emoção mais fácil de compreender enquanto estamos passando pelo luto. Algo nos é tirado, e não é difícil imaginar que isso levaria à tristeza. Se você pega um brinquedo de um bebê, ou se a mãe dele vai embora, faz perfeito sentido que seu rostinho se enrugue e ele soluce como se estivesse de coração partido. A tristeza faz sentido. Mas sempre achei notável e um tanto desconcertante a força da raiva que experimentamos durante a tristeza. Por que estamos tão zangados? Estamos com raiva de quem? Às vezes, nossa raiva é dirigida à pessoa que morreu. Mas podemos ficar com raiva de várias pessoas, inclusive médicos e até mesmo Deus. A motivação dessa raiva é diferente daquela que sentimos em relação à pessoa que morreu. Se você tirar um brinquedo de um bebê, ele poderá gritar de raiva. E, de fato, às vezes você devolve o brinquedo, porque você vê o quanto aquilo o aborreceu. Mas ninguém pode devolver a pessoa que morreu.

Não ser capaz de perceber a pessoa amada que morreu e sentir em algum nível que ela está nos ignorando coloca em xeque tudo aquilo em que acreditamos. Como eu e minha amiga fizemos nas ligações depois do *ghosting* que ela sofreu, passamos por infinitos cenários possíveis após uma morte. Como isso pode ter acontecido? Poderíamos ter impedido? Na verdade, é muito comum pessoas que estão passando pelo luto descreverem uma ruminação interminável. Esse ciclo de "poderia/deveria" pode ser exaustivo.

Durante o luto, não ficamos tristes ou com raiva simplesmente como uma reação ao que aconteceu, como seria no caso de uma posse que nos fosse tomada. Em alguns casos, ficamos tristes ou com raiva de nós mesmos porque "não conseguimos" manter nosso ente querido por perto, na dimensão da proximidade. Esse fracasso de nossa parte, ou da parte dele, é perturbador em todos os sentidos. Não tem que fazer sentido lógico para nosso cérebro acreditar que a pessoa nos deu um *ghosting*. Podemos saber que é ridículo ficar com raiva da pessoa por ela ter morrido ou fútil ficar com raiva de nós mesmos por não mantê-la por perto, e ao mesmo tempo ficar furioso de qualquer forma. Do mesmo modo como a mente pode às vezes acreditar que nosso ente querido falecido está por aí, e podemos nos sentir motivados a procurá-lo, o cérebro também pode acreditar que, consertando nosso relacionamento com a pessoa, podemos de alguma forma trazê-la de volta.

Evidência da dimensão da proximidade no cérebro

Psicólogos e neurocientistas têm estudado como as diferentes métricas de *aqui*, *agora* e *perto* seriam codificadas no cérebro. Uma teoria proposta em 2010 pelos psicólogos Yaacov Trope e Nira Liberman na Universidade de Tel Aviv é chamada de teoria do nível de interpretação.

A teoria diz que, quando as pessoas não estão atualmente presentes na nossa realidade imediata, elas podem ter desaparecido por algumas razões diferentes, que incluem distância, tempo e proximidade social.[2] Podemos formar ideias abstratas, ou interpretações, de onde elas estão ou podem estar. Assim, mesmo que não estejamos experimentando diretamente alguém por meio de nossos sentidos, podemos usar previsões, memórias e especulações para imaginá-lo. Essas representações mentais transcendem a situação imediata.

A teoria do nível de interpretação também sugere que o cérebro usa diferentes dimensões para produzir razões para a ausência de alguém (distância, tempo e proximidade), da mesma forma como tenho aplicado o conceito de dimensões para rastrear nossos entes queridos vivos. Como nossa representação mental de nossos pais ou cônjuge inclui a dimensão de que eles são psicologicamente próximos, podemos aplicar esse conhecimento para fazer previsões. Conseguimos prever com confiança que, se eles não estiverem onde esperamos que estejam, terão motivo para nos ligar ou aparecer em casa. Por outro lado, não prevemos esse comportamento por parte de pessoas das quais não somos próximos. Não esperamos que o chefe da empresa para a qual trabalhamos nos ligue se não aparecer para trabalhar. Se não vamos a nosso café de sempre há algum tempo, não esperamos que um barista entre em contato.

A teoria do nível de interpretação sugere que o cérebro codifica de forma semelhante essas dimensões de *aqui*, *agora* e *perto*, e que até usamos linguagem para descrever essas dimensões de forma intercambiável. Por exemplo, se eu descrever algo como sendo "bem longe", seria igualmente possível entender que é algo distante no tempo (esse compromisso ainda está bem longe), distante no espaço (a bola foi chutada para bem longe do campo) ou alguém que esteja psicologicamente distante ou não se relacione bem com outras pessoas do grupo (aquele cara que conhecemos hoje parecia deslocado).

Alguns estudos de neuroimagem dos anos 2010 apoiam a ideia de que o cérebro pode ter uma região que computa esses diferentes tipos de dimensões de maneira semelhante. Para demonstrar isso, os participantes olharam algumas fotos enquanto estavam na máquina de ressonância magnética.[3] Um conjunto de fotos mostrava uma bola de boliche a diferentes distâncias em um beco. Outro conjunto de fotos mostrava palavras usadas para descrever o tempo, tais como "em poucos segundos" e "daqui a alguns anos". Um último conjunto de fotos mostrava amigos próximos e meros conhecidos da pessoa que estava sendo examinada. Depois de olhar as fotos de cada um dos três conjuntos, as pessoas faziam julgamentos sobre a distância a que as coisas estavam. Notadamente, a mesma parte do cérebro foi usada para calcular a diferença entre os pares de fotos que estavam "próximas" e "distantes". Para aqueles que são doidos por saber a região cerebral, trata-se do lobo parietal inferior direito (LPI). Isso significa que os neurônios codificam distâncias diferentes e o cérebro usa esse código comum para a proximidade em relação ao eu, independentemente de estar considerando tempo, espaço ou proximidade psicológica. Você pode pensar que faria mais sentido para o cérebro considerar tempo em uma região cerebral, espaço em outra e proximidade psicológica em uma terceira. Mas, aparentemente, é mais eficiente representar os aspectos de distância na mesma região computacional, uma vez que eles carregam uma métrica comum.

Outro estudo fascinante e inteligente de neuroimagem realizado pelas neurocientistas Rita Tavares e Daniela Schiller observou como a proximidade psicológica é codificada pelo cérebro. Tavares escaneou o cérebro das pessoas enquanto elas jogavam um jogo do tipo "escolha sua aventura".[4] Você talvez se lembre de ler esse tipo de livro quando era criança. É preciso escolher o que você, como personagem principal, fará a seguir na história (dentro de um conjunto limitado de determinadas opções) e, então, ir para a página da escolha que você fez para que a história continue. No caso do estudo de neuroimagem de Tavares, cada pessoa que estava sendo escaneada no estudo desempenhava o papel do personagem principal. Em um cenário, uma nova amiga, Olívia, sugeria que você dirigisse nessa aventura. Você poderia escolher tomar o lugar do motorista enquanto ela lhe daria instruções, ou poderia decidir que não confiava o suficiente em Olívia para lhe dar orientações e, como você não sabia o que fazer, sugerir que ela dirigisse. Em outro exemplo, Olívia lhe ofereceria um abraço, e você poderia escolher dar um tapinha nas costas em troca ou abraçá-la longamente com base na proximidade que vocês desenvolveram durante a história.

A dimensão de proximidade psicológica foi medida do participante do estudo (o personagem principal) em relação aos outros personagens do jogo, quantificando o quanto a pessoa que está sendo examinada se aproximava das pessoas da história. O nível de proximidade evoluiu durante a leitura à medida que a história se desdobrava com base nas decisões tomadas.

Os pesquisadores, então, utilizaram a geometria para calcular a mudança de quanto o participante se sentiu próximo de cada um dos personagens durante o decorrer do jogo. Conforme o participante desenvolvia uma relação mais próxima com outro personagem no jogo, os pesquisadores conseguiam calcular a distância encolhendo. Surpreendentemente, os resultados do estudo confirmaram as previsões dos cientistas. Uma parte do cérebro estava literalmente rastreando quais personagens se tornavam parte do "círculo interno" do participante ou ultrapassavam seu próprio status e se tornavam mais distantes à medida que subiam na "hierarquia" ao final do jogo. A região do cérebro que mede a *proximidade* entre as pessoas é o córtex cingulado posterior (CCP), uma região sobre a qual falarei mais no capítulo 4. Em outras palavras, a distância psicológica entre o participante e os personagens era codificada como um padrão de disparo neural no CCP. Além disso, o hipocampo rastreou "onde" o personagem ia parar nesse espaço social utilizando a capacidade única do hipocampo para a navegação social, semelhante à forma como mapeia a navegação espacial. Mesmo sendo neurocientista, fico surpresa com a engenhosidade do cérebro em desenvolver um mapa neural que rastreia o quanto nos sentimos próximos às pessoas, mesmo em um espaço abstrato.

Esse estudo evidencia que o efêmero senso de proximidade com nossos entes queridos existe no hardware físico e tangível de nosso cérebro. Uma mudança em nosso sentimento de proximidade com os outros surge no córtex cingulado posterior e é trazida à nossa consciência. Como analista de inteligência, o CCP absorve centenas de pequenos pedaços de informação dos agentes sensoriais do cérebro no mundo. Como uma equipe de detetives policiais esticando fios vermelhos entre suspeitos em um quadro de investigação, o CCP atualiza constantemente as conexões entre nós e os outros, encurtando os fios conforme nos sentimos mais próximos de alguém, alongando as conexões ao detectar mais distância. Após a morte de um ente querido, as mensagens que chegam parecem confusas por um tempo. Às vezes, a proximidade com o falecido parece incrivelmente visceral, como se ele estivesse presente na sala, *aqui* e *agora*. Outras vezes, o fio parece ter caído do quadro — não está mais curto ou mais longo do que antes, simplesmente foi roubado de nós por completo.

Proximidade e vínculos contínuos

A proximidade em seu relacionamento com seu ente querido se transforma depois que ele morre. Essa transformação funciona de forma diferente para indivíduos diferentes, já que cada uma de nossas relações é única. A psiquiatra Kathy Shear, da Columbia, diz que "luto é a forma que o amor assume quando alguém que amamos morre".[5] Muitas culturas enfatizam o abandono do vínculo com a pessoa amada como parte da aceitação da realidade de que eles se foram. Algumas culturas enfatizam que os enlutados devem continuar o relacionamento e se comunicar com a pessoa amada ou mesmo ter rituais por meio dos quais quem falece se transforma em uma presença contínua como ancestral. A ciência psicológica chama isso de vínculos contínuos. Esses vínculos são únicos para cada relacionamento, e as pessoas que entrevistamos em pesquisa compartilharam graciosamente alguns de seus momentos íntimos. Um exemplo veio de uma jovem cujo marido havia morrido. O casal compartilhava um amor pela música, e ela continuou a se sentir ligada a ele pelas canções que ouvia.

Ela se lembrou de estar voltando para casa uma tarde e todas as canções no rádio parecerem relacionadas a ele de alguma forma. A visão de ele sendo o DJ do caminho dela para casa a fez rir, e a conexão contínua a consolou.

Em algum momento, os médicos ocidentais acreditaram que os vínculos contínuos eram um sinal de luto não resolvido e que romper essa conexão com um diálogo interno com a pessoa morta nos permitia criar vínculos mais fortes com os vivos. Pesquisas mais recentes mostraram que, embora exista uma grande variação nessas relações internas, muitas pessoas se ajustam bem mantendo uma conexão com aquele que morreu. Uma viúva me disse que, quando conversava com o filho adolescente, sentia que seu falecido marido a ajudava a encontrar as palavras certas. Outra mulher me contou sobre escrever cartas ao seu falecido marido, fazendo todo tipo de pergunta sobre o que ela deveria fazer e como. Os vínculos contínuos ocorrem não apenas por meio de conversas; eles podem incluir a realização dos desejos ou a manutenção dos valores do falecido. Ainda não há pesquisas investigando se a proximidade desses vínculos contínuos pode ser mapeada no cérebro. Algum dia, talvez, tenhamos uma resposta para como esse tipo de proximidade funciona no nível neural.

Os vínculos que unem

Os vínculos de apego, bem como os vínculos contínuos resultantes, são as amarras invisíveis que nos motivam a buscar nossos entes queridos e a obter conforto com sua presença. Desenvolvemos esses laços com parceiros românticos quando nos apaixonamos. A neuroquímica em nosso cérebro e em nosso corpo todo estimula apaixonar-se e é estimulada por isto. Outra maneira de pensar em se apaixonar ou entrar em um relacionamento longo com alguém é o processo de sobreposição de nossas identidades. Incluindo o outro no eu, tornamo-nos círculos sobrepostos.

Dá até para pensar na coisa como uma fusão de recursos, de modo que passamos a sentir que o que é meu, é seu e o que é seu, é meu. A natureza duradoura dos vínculos, como os chamados vínculos de par, diferencia uma relação de apego de uma relação transacional. Em uma relação transacional, como com um colega ou um conhecido, rastreamos se estamos colocando mais esforço, tempo, dinheiro ou recursos no relacionamento do que o outro e o quanto estamos tirando dali. Com o apego, ambas as pessoas têm acesso a ajuda nos momentos em que ela é mais necessária. Exemplos incluem apoiar e cuidar quando um de vocês está doente, dar um voto de confiança à pessoa ou defender a reputação dela. Em uma relação saudável e mútua, temos esses comportamentos não porque ganharemos algo igual em troca, mas porque são expressões de amor e carinho. Inclusive, as pesquisas mostram que o apoio altruísta tem benefícios de saúde tanto para quem dá como para quem recebe.

Como exemplo concreto de fusão de recursos, quando duas pessoas vivem juntas há muito tempo, não há mais a questão de quem é o dono do sofá. Mas não estou me referindo apenas a coisas. Também sentimos outras sobreposições. Por exemplo, não nos lembramos necessariamente de quem teve a ideia de uma viagem maravilhosa que fizemos juntos, uma experiência de que ambos desfrutamos. Podemos confundir qual de nós disse algo particularmente espirituoso em uma conversa ao recontar a história depois. A sobreposição de nossos recursos é uma sobreposição de nossas identidades, pois "nós" se torna mais importante do que "você" e "eu". A paixão é acompanhada pela rápida expansão desses recursos, embora possamos não descrever conscientemente dessa maneira, e a expansão é um sentimento agradável e excitante. Da mesma forma, há uma contração negativa igualmente intensa após a perda de uma pessoa. Você pode se perguntar quem você é agora ou qual é seu propósito sem o outro. Se seu filho morreu, você não é mais mãe? Ou pode parecer que você não tem como continuar sem seu parceiro. Talvez se sinta sem saber o que fazer em situações em que vocês antes decidiriam juntos. Sem poder compartilhar os acontecimentos do seu dia quando você chega em casa à noite, você pode sentir quase como se nada tivesse acontecido.

O luto surge como um sofrimento causado pela ausência de uma pessoa específica que preenchia nossas necessidades de apego e, portanto, fazia parte das nossas próprias identidade e forma de funcionar no mundo. Olhando para outras situações que também produzem luto, podemos ver que elas compartilham alguns aspectos dessa definição. A perda que experimentamos com um divórcio (ou uma separação) é claramente muito semelhante. A perda de um emprego, por aposentadoria ou demissão, é uma perda da identidade que o ajudava a existir no mundo. A perda da saúde, de um membro ou da visão — tudo isso são perdas de função, mas também são sentidas como perdas de parte de quem se é. Embora eu acredite que o luto, na neuroquímica do cérebro, originalmente evoluiu especificamente para lidar com a morte de um ente querido, essas outras situações similares pegam carona nessa capacidade desenvolvida, e reconhecemos a experiência interna como luto.

Luto por pessoas famosas

Se o luto nos perturba por causa da perda da proximidade, por que então sentimos um luto tão intenso com a morte de um famoso que nunca encontramos pessoalmente? Michael Jackson morreu no hospital Ronald Reagan, da UCLA, apenas a um quarteirão do meu escritório na época. Você talvez se lembre de que, depois, a calçada do hospital ficou lotada de flores, bichos de pelúcia e cartões. Mais recentemente, a morte precoce do ator Chadwick Boseman levou a uma onda de luto on-line sem precedentes. Considerando o que falei sobre apego (e vínculos) ser chave no luto, parece contra intuitivo que as pessoas experimentem um sofrimento tão intenso após a morte de alguém que nunca conheceram, nunca encontraram na vida real.

Esse tipo de luto é o *luto parassocial*; é muito real e vai além da evidência anedótica de pessoas que se sentiram desoladas pela morte de uma celebridade. As pessoas estão representadas na realidade virtual de nossos cérebros, e as celebridades podem ter vidas muito reais em nossas mentes. Temos uma quantidade surpreendente de acesso ao que personalidades famosas retratam como seu estilo de vida e suas crenças, suas amizades e seus romances, seus gostos e suas aversões. Esse tipo de informação não é necessariamente o bastante para formar um vínculo de apego; no entanto, se pensarmos em quais são os pré-requisitos para o vínculo, nossas relações com músicos e celebridades famosas ainda podem, até certo ponto, atender aos critérios. Primeiro, a pessoa deve satisfazer nossas necessidades de apego, ou seja, estar disponível quando precisamos de alguém a quem recorrer nos momentos difíceis. Quem nunca maratonou uma série com um ator que ama (para mim, Gillian Anderson) como uma pausa da dolorosa realidade com a qual está lidando? Por anos, carreguei a fita cassete de *Little Earthquakes*, de Tori Amos, para tocar em meu walkman sempre que me sentia solitária, triste ou sobrecarregada. O tempo passado em comunhão com aquela pessoa famosa — num estado emotivo e possivelmente reforçado por dança e gritos no meio de um grupo com interesses em comum ou até por álcool e drogas — pode imitar o tempo gasto criando vínculos de apego.

O apego requer outro aspecto, porém, além de acreditar que a pessoa estará lá para nos apoiar: ela também tem de parecer especial, diferente das outras, única para nós. Após a morte de Michael Jackson, um amigo me contou que, quando era um jovem negro nos anos 1980, você era ou Michael Jackson ou Prince. Nos corredores da escola, houve infinitos debates sobre qual deles era melhor, mas, no fim das contas, você estava de um lado ou do outro. Escolhemos as celebridades que amamos, com quem nos identificamos, que acreditamos serem as mais talentosas, as mais sexy ou as melhores. Muitas vezes nos sentimos próximos aos músicos — sentimos que podemos confiar neles porque, em suas letras, eles dizem o que ninguém mais diz. Eles são "seus", de certa forma. E também meio que parece que eles nos conhecem, porque dizem as coisas que sentimos bem lá no fundo e não admitimos a ninguém. Como eles poderiam escrever aquelas letras se não o entendessem profundamente, se não estivessem falando diretamente com você? A perda dessa celebridade não é apenas a perda de uma pessoa que ajudou a nos definir, mas também o luto por uma época de nossa vida à qual nunca mais poderemos voltar. Esse luto é real porque sentimos a perda de um pedaço de nós mesmos.

Perder uma parte de si

Uma das perguntas que faço quando estou do outro lado da mesa entrevistando uma pessoa enlutada para um estudo vem de uma escala psicológica que mede a gravidade do luto. Nunca vou esquecer a reação de uma mulher a uma pergunta em particular. Eu perguntei: "Você já sentiu que uma parte de você morreu junto com seu marido?". Ela arregalou os olhos para mim, com uma expressão que dizia: *Como você sabe?* "É exatamente assim que eu me sinto", respondeu ela.

Se a proximidade psicológica pode nos fazer sentir tão próximos a ponto de sobrepor-nos a outra pessoa, o cérebro precisa processar isso e calcular a sobreposição desse outro com o seu próprio eu. Pense em dirigir por uma estrada com várias faixas. Você dirige no meio da pista — exceto que essa descrição não é muito precisa. Afinal, você não coloca seu corpo no meio da pista, porque aí o carro estaria invadindo a pista à direita. Motoristas experientes aprendem com muita rapidez a ampliar seu "corpo" para abranger o carro inteiro. Sentimos como se estivéssemos dirigindo no meio da pista, mas, na verdade, estamos centralizando o carro na pista, e nosso corpo está deslocado para a esquerda, mesmo que não dê para sentir conscientemente. Em nossa cabeça, o carro e nosso corpo estão sobrepostos. Quando temos essa experiência, o cérebro está calculando essa sobreposição.

Quem está passando pelo luto muitas vezes descreve ter perdido uma parte de si, como se tivesse um membro fantasma. As sensações de membros fantasmas acontecem em muitas pessoas que têm um membro amputado. Mesmo que o braço esteja ausente, por exemplo, elas continuam tendo uma sensação de comichão. Antes, acreditava-se ser um fenômeno inteiramente psicológico, mas estudos têm provado que as sensações são, na verdade, atividade nervosa. Os pesquisadores acreditam que a parte do cérebro que contém um mapa de nosso corpo não corresponde mais às sensações nervosas periféricas.[6] Assim, apesar da falta de nervos sensoriais que realmente disparem no membro fantasma, o mapa cerebral ainda não se renovou, não se atualizou para descartar aquela parte do corpo, de modo que as sensações persistem e, muitas vezes, são dolorosas.

Podemos achar que dizer que perdemos uma parte de nós quando um ente querido morre é simplesmente uma metáfora, mas, como vimos, as representações de nossos entes queridos estão codificadas em nossos neurônios. As representações de nosso próprio corpo também, como demonstram os membros fantasmas. Essas representações do eu e do outro, essa proximidade, são mapeadas como uma dimensão no cérebro. Consequentemente, o processo de passar pelo luto não se trata apenas de uma mudança psicológica ou metafórica. Passar pelo luto também requer uma reconexão neural.

Neurônios-espelho

As provas de proximidade incluem uma sobreposição de codificação neural de si mesmo e de outros. Essa evidência tem sido demonstrada concretamente por meio de outro conjunto de estudos científicos. Os neurônios-espelho, que têm um nome bem apropriado, são projetados para disparar tanto para nossas próprias ações como para as ações de outra pessoa. Nos anos 1990, eles foram descobertos na região pré-motora do cérebro, embora tenham sido encontrados também em algumas outras regiões. Essa sobreposição nos padrões de disparo neural para si mesmo e para outro pode ser vista durante a mímica.[7] Se você mostrar a um macaco que está fazendo algo com a mão — pegar uma banana, por exemplo —, alguns dos mesmos neurônios que disparam quando ele segura uma banana vão disparar quando ele vir você fazer isso. Dito de outra forma, os neurônios que disparam quando executamos uma ação própria disparam enquanto observamos a mesma ação feita por outro.

Apesar do amplo interesse em neurônios-espelho, a neuroimagem humana não tem definição suficientemente alta para detectar neurônios-espelho individuais em humanos. Na neuroimagem humana, observamos regiões cerebrais, ou populações de muitos neurônios, enquanto, nos macacos, somos capazes de detectar o disparo de neurônios individuais por meio de métodos de registro invasivos. Dito isso, houve um relato de atividade de neurônios-espelho a partir do registro elétrico de um paciente de neurocirurgia. Mesmo com evidências tão mínimas em humanos, não temos motivos para acreditar que um sistema neural funcionaria de forma completamente diferente em primatas tão intimamente relacionados como macacos do gênero macaca e humanos.

Não importa quão próximos estejamos de outra pessoa, ainda somos capazes de distinguir entre o eu e o outro. Em um estudo examinando primatas, dois macacos seguraram cada um sua própria banana. Imagine um diagrama de Venn representando os neurônios no cérebro do Macaco 1. O círculo da esquerda representa os neurônios que disparam quando o Macaco 1 pensa em segurar sua própria banana, e o círculo da direita representa os neurônios que disparam quando o Macaco 1 pensa no Macaco 2 segurando a banana. Esses círculos se sobrepõem um pouco, o que significa que alguns dos mesmos neurônios disparam tanto quando o Macaco 1 pensa em si mesmo segurando uma banana como quando ele pensa no Macaco 2 fazendo a mesma coisa. Mas também há porções que não se sobrepõem. Isso quer dizer que o Macaco 1 é capaz de distinguir sua própria ação da ação do outro, mesmo quando neurônios sobrepostos indicam evidência de identidade sobreposta e experiência compartilhada, o tipo particular de proximidade que também vemos nos humanos.

Preocupação empática

O maquinário neural nos permite sentir próximos de outra pessoa, e esse maquinário inclui espelhar as ações dos outros, sentindo essas ações como se nós mesmos as estivéssemos realizando. Tenho usado essas descobertas neurocientíficas para explicar como podemos nos sentir sobrepostos a um ente querido e o que acontece quando essa pessoa morre. Mas também podemos estender isso à ideia de estar "adjacente ao luto", ou à forma como nos sentimos quando estamos perto de alguém que está passando pelo luto. Quando um amigo está enlutado, quando ele está aprendendo a se adaptar à sensação de que uma parte dele está faltando, isso afeta aqueles que gostam dele, muitas vezes profundamente.

Você talvez se surpreenda ao saber como a tristeza pode ser contagiosa. Podemos sentir as emoções de outra pessoa e simular o mesmo sentimento em nós. A ciência tem demonstrado isso investigando os olhos, pois eles são janelas para estados emocionais, se não para almas. Em um estudo feito pelos psiquiatras britânicos Hugo Critchley e Neil Harrison,[8] foram mostradas fotos de rostos com expressões felizes, tristes ou zangadas a voluntários estudantis. Embora os estudantes não soubessem, o tamanho das pupilas nas fotos tinha sido alterado digitalmente para variar de pequeno a grande (dentro de limites biológicos realistas). Os estudantes classificaram as expressões tristes como mais intensamente tristes quando as pupilas eram muito pequenas. Mais importante para se pensar em contágio, os tamanhos diferentes de pupilas tiveram um grande impacto nas classificações de intensidade de tristeza de alguns estudantes. Aqueles que eram muito sensíveis às diferenças entre os olhos também tinham medidas de empatia mais altas. E, quanto mais constrição de pupila havia nas fotos dos rostos tristes, mais as pupilas dos próprios estudantes se contraíam quando medidas com um pupilômetro. Esse tipo de contágio emocional, que leva as pupilas de uma pessoa observada a afetarem a experiência emocional e a fisiologia do observador, pode acontecer mesmo quando o observador não está consciente disso. Os estudantes não sabiam que o tamanho de sua própria pupila estava mudando em reação às fotos. Aparentemente, estamos programados para ser influenciados pelas pessoas que nos rodeiam, sensíveis aos sinais do que elas estão sentindo — em outras palavras, estamos conectados com os blocos de construção neural da proximidade.

O contágio emocional pode ser ruim. Assim como o macaco que não saberia quem estava agarrando a banana se só tivesse neurônios-espelho, sentir o que todos que são próximos a nós estão sentindo pode ser avassalador e fazer com que nos afastemos deles se estiverem tristes ou zangados. Entretanto, os cientistas agora fazem uma distinção entre empatia e compaixão. Além de ser sensível ao que os outros estão sentindo, a compaixão é definida também como a motivação de cuidar do bem-estar deles. Como explica o neurocientista Jean Decety, da Universidade de Chicago, existem na verdade três aspectos da empatia: *tomada de perspectiva cognitiva*, *empatia emocional* e *compaixão*.

O aspecto cognitivo da empatia é a capacidade de ver ou imaginar a perspectiva de outra pessoa, sem relação com os sentimentos dela. Se você está sentado de frente para alguém, sabe que ele não pode ver a cena que você vê atrás dele. Mas, como consegue tomar a perspectiva dele, você entende que, se alguém entra na sala atrás, a pessoa à sua frente não está ciente disso. Você teria de dizer a essa pessoa que alguém chegou. Essa capacidade de tomar a perspectiva alheia é um exemplo do aspecto cognitivo da empatia. Empatia emocional, por outro lado, é ser capaz de sentir o que outra pessoa está sentindo. Por exemplo, se você e seu amigo são candidatos à mesma promoção e você a recebe, pode colocar-se no lugar de seu amigo e sentir a decepção dele, apesar de estar feliz por si mesmo. E a compaixão, importar-se com alguém, vai além da empatia. É a motivação para ajudar ou confortar a pessoa quando você pode tomar a perspectiva dela e saber como ela está se sentindo.

Quando uma pessoa enlutada perdeu as dimensões do *aqui*, *agora* e *perto*, suas emoções podem ser intensas ou se sentir entorpecidas. A compaixão de um amigo que está adjacente ao luto não preencherá o buraco que ficou onde seu ente querido falecido foi arrancado daquele sentido sobreposto de "nós". Mas colocará apoios ao redor do buraco enquanto o amigo começa a restaurar sua vida. Isso ajudará ao menos a superar a confusão em relação ao que aconteceu quando sua vida está virada de cabeça para baixo, que é o assunto que abordaremos a seguir.

3
Acreditando em pensamentos mágicos

Há alguns anos, um colega mais velho faleceu. Nos meses seguintes, passei algum tempo com a viúva dele. Sendo um proeminente pesquisador do sono, o marido dela viajava com bastante frequência para congressos acadêmicos. Uma noite, durante o jantar, ela balançou a cabeça e me disse que simplesmente não parecia que ele se fora. Parecia que ele estava só em outra viagem e, a qualquer minuto, entraria pela porta. Escutamos esse tipo de afirmação com frequência de quem está passando pelo luto. Quem diz isso não está delirando; ao mesmo tempo, consegue explicar que sabe a verdade. Não está emocionalmente com medo de admitir a realidade da perda nem está em negação. Outro exemplo famoso dessa crença vem do livro *O ano do pensamento mágico*, de Joan Didion. Didion explica que não conseguiu doar os sapatos do marido falecido porque "talvez ele volte a precisar". Por que *acreditaríamos* que nosso ente querido vai voltar se *sabemos* que não é verdade?

Podemos encontrar respostas a esse paradoxo nos sistemas neurais do cérebro, que produzem diferentes aspectos de conhecimento e os entregam à nossa consciência.

Se alguém que amamos desaparece, nosso cérebro supõe que a pessoa esteja distante e será encontrada depois. A ideia de que ela já não está neste mundo dimensional, de que não há as dimensões de *aqui*, *agora* e *perto*, não é lógica. No capítulo 5, contarei mais sobre a neurobiologia de por que *queremos* encontrá-la. Neste capítulo, porém, a pergunta a ponderar é: por que *acreditamos* que vamos encontrá-la?

Contribuições evolutivas

Em *The Nature of Grief* [A natureza do luto], o psicólogo John Archer apontou que a evolução nos deu uma motivação poderosa de acreditar que nossos amados voltarão, mesmo que as evidências digam o contrário. Nos primórdios de nossa espécie, os que insistiam nessa crença de que seu companheiro voltaria com comida ficavam com a prole. A prole desses pais que esperavam junto tinha mais chance de sobreviver. No filme *A marcha dos pinguins*, vemos um pinguim-imperador pai incubando seu ovo num inóspito Polo Sul enquanto a mãe vai buscar comida no mar gelado. Sua motivação de ficar com o ovo é impressionante: o pinguim fica quatro meses em jejum esperando sua parceira voltar. Como um aparte, quero mencionar que pinguins que formam pares do mesmo sexo se mostraram pais igualmente bons. O casal de pinguins machos Roy e Silo, no zoológico do Central Park, incubou e criou um bebê pinguim muito fofo chamado Tango.[1]

Independentemente de quem sejam os pais, a chave aqui é que um deles deve insistir na crença, durante uma ausência muito longa no Antártico, de que o parceiro ou a parceira voltará com comida. Se um deles decide que o outro não vai voltar e vai pescar no mar, o ovo não eclode ou o filhote morre. Os pinguins que insistem na crença de que o parceiro ou parceira vai voltar, e por isso esperam, têm bem mais sucesso. No filme, vemos que, entre milhares de pinguins, a mãe que volta encontra seu parceiro reconhecendo seu chamado muito específico. É um fenômeno impressionante, e esses animais superam dificuldades aparentemente infindas.

O que é que permite que o pai ou a mãe que incuba permaneça por meses em jejum com o ovo? Qual é o mecanismo desse apego ou o que cria o laço invisível entre o par? O vínculo entre os pais é forte. No início da temporada, os pombinhos passam tempo com os pescoços enganchados, vocalizando sussurros de amor um para o outro. Ao mesmo tempo, seus cérebros estão passando por uma transformação fisiológica. Os neurônios estão carimbando a memória daquele pinguim em particular, colocando marcadores nos neurônios que significam que é improvável um dia esquecer a aparência, os cheiros e os sons desse animal. No cérebro, o parceiro passa de um pinguim reconhecível para *o* pinguim da maior importância. Durante o tempo que os animais passam separados, chocando o ovo, a memória do outro é mais do que uma memória. É uma memória ligada a uma crença ou motivação específica — "Espere este voltar. Este é especial. Este pertence a você". Também nos humanos, é *porque seu amado existiu* que certos neurônios disparam juntos e certas proteínas são incorporadas de formas particulares em seu cérebro. É porque seu amado viveu, e porque vocês se amaram, que, quando a pessoa não está mais no mundo externo, ela continua existindo fisicamente — na programação dos seus neurônios.

Luto dos primatas

Embora *A marcha dos pinguins* seja um exemplo vívido e útil de como é quando uma criatura insiste na crença de que seu ente querido voltará, um filme da Disney não é base para evidências científicas. Afinal, não descendemos dos pinguins. Outra forma de olhar a evidência evolutiva é observar o comportamento daqueles que compartilham um ancestral. Os chimpanzés são os parentes mais próximos dos seres humanos, já que ambas as espécies descenderam de um ancestral símio comum.

Várias comunidades de chimpanzés ao redor do mundo foram objeto de observação científica, incluindo os famosos chimpanzés de Gombe documentados por Jane Goodall e os chimpanzés de Bossou estudados por pesquisadores do Instituto de Pesquisa em Primatas da Universidade de Quioto. Em reação à morte de um animal jovem, as mães chimpanzés altamente evoluídas carregam seu bebê por dias após o falecimento. Mães chimpanzés (e, em outros casos, símios e macacos) continuam carregando e tratando de suas crias depois da morte, de alguns dias até um ou dois meses. Isso foi documentado dezenas de vezes, com extensas observações de quem, quando, onde e como. Uma fêmea de chimpanzé chamada Masya carregou seu bebê por três dias, muitas vezes olhando fixamente o rosto dele.[2] Ela continuou cuidando do pequeno, carregando com cuidado seu corpo sem vida mesmo quando isso tornava difícil comer e se movimentar. Carregar, na verdade, é um comportamento incomum para as mães, porque os bebês chimpanzés costumam se agarrar a elas, o que deixa as mãos livres para outras atividades. Durante esse período, Masya parou de interagir com o bando e não se cuidou. Ela não tentou amamentar o bebê nenhuma vez, o que sugere que sabia que ele já não estava vivo. Numa reação de compaixão comunitária, outros membros do bando começaram a cuidar de Masya enquanto ela focava intensamente em seu bebê. Aos poucos, seu comportamento deixou de ser de contato e proteção constantes até ela, enfim, conseguir deixar permanentemente o corpo da cria. Numa situação diferente, quando um bebê chimpanzé morreu de uma doença potencialmente transmissível, os pesquisadores removeram o cadáver após quatro dias. Depois, a mãe procurou o bebê, vocalizando sem parar. Esse comportamento não é visto quando permitem que a mãe abra mão da cria em seu próprio tempo.

Passando esses dias com o cadáver de seu bebê, a mãe chimpanzé vivencia a morte dele em termos inequívocos. Dessa forma, a crença que o apego cria, o pensamento mágico de que esse ser especial sempre estará lá, é refutada pela própria experiência da mãe. É provável que eventos culturais humanos como funerais, velórios e homenagens sirvam a um propósito similar. Preparar um velório inclui ligar para familiares e amigos, contar da morte e receber os pêsames. Lembro-me de acordar na manhã seguinte à morte do meu pai e nossa mesa de jantar estar coberta por mais de uma dezena de arranjos de flores que minha irmã havia feito para as mesas do velório dele. Eu sentia que o ato de montá-los, o tempo que levou para escolher vasos e adicionar laços, era parte do processamento da perda dela. Quando familiares e amigos viajam muitos quilômetros, colocam roupas especiais e se unem para dar abraços, sorrisos e amor — tudo isso marca o momento como algo diferente, e esse momento carimba em nossa memória o fato da morte. Em muitos funerais, vemos o cadáver de nosso ente querido em um caixão ou vemos uma urna de cinzas, a prova física de que o corpo dele já não é veículo para a alma que amamos.

Uma comunidade reconhece, e mostra explicitamente em seu comportamento, que essa pessoa não vai voltar. Isso reforça aquilo em que o sobrevivente enlutado só consegue acreditar na metade do tempo. Depois, quando temos memórias do funeral, elas podem nos ajudar um pouco a desemaranhar nosso próprio pensamento mágico; por mais difícil que seja acreditar, velórios são prova de que outras pessoas compartilham de nosso entendimento recente de que a pessoa que amamos se foi.

Memórias

Se levarmos a sério o que nos dizem as pessoas enlutadas, parece que o cérebro é capaz de insistir em duas crenças mutuamente excludentes. Por um lado, temos o conhecimento claro de que uma pessoa amada morreu e, do outro, a crença mágica simultânea de que ela voltará. Quando um ente querido morre, temos uma memória de ficar sabendo que ele morreu. Essa memória pode ser da ligação informando que seu irmão faleceu, gravada em sua mente com muitos detalhes — onde você estava na sala de jantar, o que estava cozinhando, como estava calor no cômodo, o cheiro de cebola. É o que chamamos de memórias episódicas; são memórias detalhadas de um acontecimento específico.

Talvez sua memória da morte exista porque você estava presente quando aconteceu. Quando meu pai faleceu no verão de 2015, minha irmã, um querido amigo da família e eu estávamos nos revezando para dormir com ele no hospital que ele escolhera para receber cuidados paliativos. Naquela noite em especial, eu havia dado boa-noite a ele, embora ele não respondesse mais. Consegui dormir algumas horas no sofazinho do quarto. No meio da noite, acordei cheia de uma sensação de espanto, uma experiência frequente naqueles últimos dias (junto com sensações de completa exaustão e falta de confiança de conseguir continuar). Dei uma olhada no meu pai e decidi caminhar um pouco lá fora, levada por um senso de espanto similar ao que tenho ao olhar as estrelas maravilhosas do céu noturno da parte rural de Montana. Se você já ficou bem, bem distante das luzes da cidade, sabe que há tantas estrelas, que o céu parece enfeitado com um monte de areia brilhante. Caminhei no passeio circular em torno do hospital, designado como lugar para funcionários e visitantes esticarem as pernas. Voltei ao quarto, e meu pai ainda respirava muito, muito devagar. Era mesmo muito impressionante, pensei, a vida dele poder ser sustentada com tão poucas respirações. Voltei a dormir. Nas altas horas da madrugada, uma enfermeira se debruçou por cima de mim e colocou a mão no meu ombro. "Acho que agora ele se foi", disse ela. Fiquei ao lado do leito do meu pai. Ele estava tão em paz, tão pequeno, parecendo ao mesmo tempo uma criança e um velho. Estava exatamente igual a algumas horas antes, exceto por sua respiração ter ido de muito, muito lenta para inexistente.

Minha experiência com a morte do meu pai foi extremamente tranquila e cheia de espanto, e fui confortada por entes queridos e profissionais atenciosos. Consegui focar no que estava acontecendo no momento e, quando penso nisso, em geral me sinto bem em paz, ainda que muito triste. Considero-me extraordinariamente sortuda, porque pude vivenciar o que só pode ser descrito como uma boa morte. Fui auxiliada pelo fato de que ele estava em um programa de cuidados paliativos, organizado pelas pessoas que sabem melhor do que ninguém criar as condições que têm mais probabilidade de levar a uma boa morte. Muitas mortes não são nem um pouco assim. As pessoas vivenciam medo, terror, dor, impotência ou raiva extrema no momento em que aquele que amam falece, em especial se isso ocorre em circunstâncias violentas ou assustadoras, em acidentes ou prontos-socorros. Durante a pandemia de Covid-19, muitos não conseguiram estar com aqueles que amavam e que haviam sido internados, e não estavam presentes em seu leito de morte. Sem a oportunidade de se despedir, de expressar amor, gratidão ou perdão, e sem a memória de ver o declínio físico e a morte de nosso ente querido, a ambiguidade pode acabar cercando a "veracidade" da morte. Pesquisas mostram que perdas ambíguas, como quando familiares somem nas mãos de um regime político ou desaparecem e são dados como mortos em um acidente de avião ou conflito de guerra, complicam o processo de luto. Um dos motivos pode ser que parte do nosso cérebro está programada para acreditar que quem amamos nunca se vai de verdade e, sem a prova cabal de nossas memórias de seu declínio ou morte, reprogramar essa compreensão pode demorar mais ou trazer mais sofrimento.

Hábitos

A memória é muitíssimo complexa. Felizmente, também é uma área que muitos neurocientistas e psicólogos cognitivos estudam há muito tempo, portanto conhecemos bastante sobre sua forma de trabalhar. O cérebro não funciona como uma câmera de vídeo, registrando cada momento do dia e armazenando para sempre. É fácil imaginar que as memórias são como um vídeo guardado em uma pasta de arquivos que o cérebro abre e toca quando lembramos algo. Na verdade, as memórias têm mais a ver com cozinhar uma refeição. Os ingredientes de nossas memórias são armazenados em muitas áreas do cérebro. Quando lembramos um acontecimento, esses ingredientes são misturados, e jogam-se no meio visões, sons, cheiros, uma sensação que o acontecimento criou para nós, associações com pessoas específicas daquele momento, a perspectiva da qual vimos várias cenas. Juntas, as memórias parecem-nos uma experiência sintética de um acontecimento passado, assim como um bolo parece uma entidade única, não uma combinação de farinha, açúcar e ovos. Mas bolos diferentes têm sabores diferentes, como chocolate e baunilha, embora ainda seja possível identificá-los como bolos. Da mesma forma, estarmos de bom ou mau humor quando lembramos algo afeta os ingredientes que incluímos nessa versão da memória, talvez tornando nossa recordação mais viva e colorida ou mais melancólica. Às vezes, quando lembro a morte do meu pai, minha memória não é dominada pela estupefação que senti, e, em vez disso, a lembrança primária é a exaustão. E, embora eu não tenha certeza absoluta se a enfermeira colocou a mão no meu ombro ou só me acordou falando, a memória episódica continua reconhecível ao se desdobrar em minha mente.

Memórias nos permitem aprender com situações que vivenciamos, e um acontecimento significativo como a morte de alguém que amamos provavelmente será priorizado na base de dados do cérebro. Podemos pensar na memória episódica como um tipo de conhecimento, o conhecimento de acontecimentos ou momentos específicos, acessado pelo cérebro por causa de sua importância em nossa vida.

C. S. Lewis, autor de *As crônicas de Nárnia*, também escreveu um livro pungentemente perspicaz chamado *A anatomia de uma dor* após a morte da esposa. Nele, escreve:

> Acho que estou começando a entender por que o luto se parece com o suspense. Ele advém da frustração de muitos impulsos que se haviam tornado habituais. Um pensamento após o outro, um sentimento após o outro, uma ação após a outra — tudo levava até [minha esposa]. Agora, o alvo não existe mais. Como de costume, continuo ajustando uma seta à corda, então me lembro de que tenho de vergar o arco. Muitas estradas conduzem o pensamento a H. [...] Antes tantas estradas...; agora, tantos *cul-de-sac*.*

É comum, durante o processo de luto, recordar repetidamente uma memória episódica muito importante, como o som de uma voz ao telefone dizendo-lhe que seu irmão morreu ou a visão de seu pai não mais respirando no leito de hospital. Enquanto parte de seu cérebro desenrola a memória, outra parte está resumindo as novas experiências causadas por aquela ausência e desenvolvendo novas previsões, novos hábitos, novas rotinas. Esse conhecimento contrasta com a crença mágica de que nosso ente querido está em algum lugar, só não *aqui*, *agora* e *perto*.

Duas crenças mutuamente excludentes

Talvez o aspecto mais cruel de nossa natureza humana seja conseguirmos experimentar essas crenças mutuamente incompatíveis — tanto que nosso ente querido se foi como que ele pode ser encontrado novamente. Durante tudo isso, nosso cérebro mantém uma representação persistente da pessoa, um

* Tradução de Alípio Franca. São Paulo: Vida, 2006. p. 66-67. (N. T.)

avatar desse amado, em seu mundo virtual. A codificação dessa representação emerge enquanto uma mãe amamenta um filho ou durante os momentos íntimos de um casal. Inerente a essa representação de nossa pessoa especial, como consequência do apego, é o fato de acreditarmos tão completamente na existência dela, que criamos um relacionamento infinito, a crença persistente no *aqui*, *agora* e *perto*. As conexões neurais que servem como algoritmo da representação mental de quem amamos estão permanentemente codificadas. Nossos planos, nossas expectativas, nossas crenças sobre o mundo são influenciados por esse conhecimento implícito, nossa crença de que a pessoa amada vai voltar ou pode ser encontrada. O conhecimento implícito pode ser o culpado pelos pensamentos mágicos.

Conhecimento implícito, operando abaixo do nível da consciência, influencia nossas crenças ou nossas ações. Como os cientistas sabem que esse conhecimento implícito existe se ele opera abaixo do nível da consciência? Se a pessoa não pode relatá-lo, só podemos ver o efeito dele em suas ações. Mas uma evidência convincente de que o maquinário neural cria um conhecimento implícito vem dos estudos da neurociência sobre pessoas que sofreram danos em partes específicas do cérebro. Um paciente famoso, Boswell,[3] não conseguia criar novas memórias por causa de um acidente que causou danos ao lobo temporal do cérebro, que contém o hipocampo e a amígdala. Esse tipo de déficit de memória, a perda da habilidade de criar novas memórias, chama-se amnésia anterógrada. Ele não conseguia reconhecer ninguém que havia conhecido nos quinze anos que se passaram desde seu acidente nem aqueles com quem tinha contato diário.

Boswell, porém, ainda tinha um conhecimento implícito sobre as pessoas, o que foi revelado a partir de um estudo atento de seu comportamento. Os pesquisadores perceberam que ele gravitava na direção de um cuidador em especial, mostrando uma preferência por ele sobre o resto da equipe, apesar de não conseguir reconhecê-lo nem dizer seu nome aos pesquisadores. Embora ele não tivesse memória episódica de quando, onde e sob quais circunstâncias conhecera esse cuidador, parecia estar usando outros conhecimentos para formar uma preferência por ele. Os pesquisadores também notaram que esse cuidador em particular era muito gentil com Boswell e frequentemente lhe dava recompensas.

Para criar condições controladas para demonstrar que Boswell tinha conhecimento implícito apesar do dano cerebral, os pesquisadores, Daniel Tranel e Antonio Damasio, pediram que ele fizesse uma tarefa de aprendizagem especial. Apresentaram três novas pessoas a Boswell, e essas três pessoas interagiram com ele em momentos separados ao longo de cinco dias. Vamos chamá-los de Homem Bom, Homem Mau e Homem Neutro. Homem Bom elogiava Boswell, era gentil, oferecia chiclete e atendia qualquer pedido. Homem Mau não elogiava, pedia para que Boswell fizesse tarefas tediosas e recusava qualquer pedido. Homem Neutro era simpático, mas profissional, não pedia nada dele, mas também não dava nada. Aí, o conhecimento de Boswell sobre essas pessoas foi testado no sexto dia. Ele não conseguia se lembrar do nome de nenhum dos três ao ver as fotos. Depois, eles mostraram a Boswell uma foto dos três enfileirados junto com alguém que ele nunca havia conhecido. Os pesquisadores perguntaram de quem ele mais gostava, e Boswell consistentemente escolheu Homem Bom acima do acaso e Homem Mau abaixo do acaso. Ainda mais interessante, ao medir a quantidade de suor produzida em seus dedos, uma reação automática, Boswell teve uma reação fisiológica mais forte ao Homem Bom do que a qualquer um dos outros. Uma parte de seu cérebro tinha conhecimento implícito de Homem Bom, mesmo sem Boswell conseguir dizer nada sobre ele aos pesquisadores.[4]

Temos memórias episódicas específicas de um alguém que amamos (uma memória de nosso casamento, por exemplo), e essa pessoa faz parte de muitos de nossos hábitos (o quanto nos sentamos perto dela no sofá), mas também temos conhecimento semântico implícito dela (crenças de que ela sempre estará à disposição, de que é especial para nós). O conhecimento implícito está armazenado em circuitos cerebrais distintos de onde as memórias episódicas ficam. Isso quer dizer que usamos tipos diferentes de informação sobre entes queridos de diferentes sistemas neurais, que influenciam nossos pensamentos, sentimentos e comportamentos de formas distintas e próprias. Quando um ente querido morre, com o tempo e a experiência podemos consultar nossas memórias episódicas da morte — sabemos que ele já não está conosco. Mas o conhecimento implícito é bem mais difícil de atualizar, já que é responsável pelas crenças relacionadas ao apego de que nosso ente querido pode ser encontrado, de que não o estamos procurando o suficiente, de que, se tentássemos com mais afinco ou fôssemos melhores em algum sentido, ele voltaria para nós. Como esse conhecimento implícito se choca com as memórias episódicas, temos menos probabilidade de reconhecer esse pensamento mágico implícito. Chamo esses fluxos de informações conflitantes de teoria do *ausente, mas também eterno*, e acho que é por elas serem conflitantes que passar pelo luto demora tanto.

Memórias episódicas, hábitos e conhecimento implícito influenciam como compreendemos o mundo, o prevemos e agimos nele. Embora possam se contradizer (por exemplo, a memória episódica nos dizendo que quem amamos se foi, e o conhecimento implícito insistindo que não), todos precisam ser atualizados conforme aprendemos a conviver com a ausência.

Por que passar pelo luto leva tempo?

Em poucas semanas, consigo aprender o nome de todos os meus alunos em um seminário e reunir informações sobre o histórico deles. Desenvolvo uma intuição de qual aluno sabe a resposta; reconheço os que são engraçados ou muito cultos e sei quais não se oferecem para falar em sala de aula. Consigo até integrar esse conhecimento em nossas discussões de sala, fazendo perguntas mais simples, baseadas em fatos, aos alunos tímidos, para que eles possam dar respostas curtas e definitivas, e perguntas mais aplicadas àqueles que estão dispostos a processar seu raciocínio em voz alta. É uma quantidade razoável de informações para codificar sobre pessoas, para lembrar, para usar. Ainda assim, todas essas informações se somam na crença de que, no semestre seguinte, qualquer um desses alunos pode voltar a aparecer na sala. Passar pelo luto é diferente. Leva mais tempo. A teoria do *ausente, mas também eterno* sugere que passar pelo luto é diferente de outros tipos de aprendizagem, porque a crença implícita na persistência de nosso ente querido falecido pode, na verdade, interferir na aprendizagem sobre nossa nova realidade. Em outras palavras, memória episódica e hábito, de um lado, entram em conflito com o pensamento mágico implícito criado pelo apego de outro lado, e esse conflito é o responsável pelo período estendido de tempo que leva passar pelo luto. Consigo entender facilmente que alunos do último semestre não estarão em minha aula de hoje porque não há motivo para estarem. Mas acreditar que quem eu amo já não está na Terra, quando parte de como ele está codificado em meu cérebro como alguém que eu amo inclui a informação de que estará *aqui*, *agora* e *perto*, leva tempo e não é fácil. Resolver crenças incompatíveis interfere na aprendizagem.

Se passar pelo luto fosse tão simples quanto aprender novas informações, criar previsões de causa e consequência em relação ao mundo ou estabelecer novos hábitos para as atividades cotidianas, não seria de se esperar que essa aprendizagem demorasse meses. É verdade que é preciso tempo e experiência para adquirir qualquer novo conhecimento, mas o tempo que leva para adquirir outros tipos de conhecimento comparado com o tempo que muita gente passa em luto sugere haver algo além acontecendo, por exemplo, crenças incompatíveis. Desenvolver esse novo conhecimento exige disposição para se engajar por completo na vida durante o luto, e, nos capítulos 8 e 9, vamos falar mais de engajamento em nossa vida diária durante a perda.

Sabendo que temos pensamentos mágicos

O luto é o custo de amar alguém. Criar vínculos nos dá a motivação de acreditar que, quando nosso cônjuge, filho ou amigo próximo nos deixa, é temporário e a pessoa vai voltar. Se acreditássemos de verdade que ela não voltaria cada vez que saísse para ir trabalhar ou estudar de manhã, a vida talvez fosse insuportável. Felizmente, não vivenciamos com muita frequência a morte de entes queridos em comparação com o número de vezes que eles vão e voltam enquanto estão vivos.

Quando perdemos alguém que amamos, é comum saber que a pessoa se foi e, ao mesmo tempo, acalentar a crença mágica de que ela vai voltar a entrar pela porta. Se aceitarmos sem questionar que as pessoas acreditam nas duas coisas e que isso é normal, os neurocientistas precisarão procurar processos neurais múltiplos em ação. Vamos querer ver a perspectiva do cérebro, em que dois aspectos distintos do que se "sabe" podem existir simultaneamente. Considerar múltiplas crenças concorrentes deve nos dar uma imagem mais clara de como o funcionamento do cérebro afeta a forma como sofremos o luto. Minhas próprias pesquisas consideraram onde, no cérebro, esses tipos de conhecimento podem residir. Nos próximos capítulos, vou contar mais sobre como o cérebro supera essas crenças incompatíveis e nos leva de volta a uma vida cheia de significado.

4
Adaptando-se ao longo do tempo

Quando eu tinha cinco anos, substituímos os aquecedores elétricos de casa. Eu ainda não ia à escola e fiquei obcecada por nosso eletricista, Jack. Eu o seguia, apesar das broncas da minha mãe. Jack sempre usava jeans, e eu, também, comecei a preferir meu macacão. Lembro-me vividamente do seu sorriso lento, da sensação profunda de gentileza que aquele homem impressionante me trazia. Numa experiência completamente diferente dos adultos de minha pequena cidade natal, quando eu estava no quarto ano do Ensino Fundamental, fiz aulas de arte com uma artista local. Eu, como todo mundo, a chamava pelo sobrenome. Weber era diferente de qualquer um que eu já tivesse conhecido, inclusive por ser a primeira mulher que encontrei que não depilava as pernas. Weber pintava as aquarelas botânicas mais impressionantes e detalhadas das flores silvestres de Montana, duas delas penduradas até hoje em meu corredor. Embora eu não tivesse talento algum como artista plástica, continuei a visitar Weber e conversar com ela ao longo do Ensino Médio e depois, quando voltava da faculdade para passar os feriados e o verão em casa.

No que percebi, adolescente, como um relacionamento dos mais inesperados, Weber e Jack se apaixonaram. Casaram-se relativamente tarde na vida e ficaram felicíssimos quando Weber engravidou. Durante a gravidez, porém, Jack foi tragicamente diagnosticado com câncer, um sarcoma devastador. Em uma das muitas tentativas de qualquer tratamento possível, eles vieram a Chicago, e cuidei do bebê deles, Rio, uma tarde em meu apartamento perto do campus enquanto eles iam a consultórios. Numa reviravolta cruel e insondável do destino, Jack morreu quando o filho tinha só um ano e meio.

As pinturas que vieram quando Weber conseguiu de novo segurar um pincel eram diferentes de sua obra anterior. Flores selvagens ainda apareciam, mas também havia nuvens que pingavam lágrimas, mulheres com lágrimas que caíam em baldes e corações dos quais eram arrancadas lágrimas de sangue sem fim. Muitas mulheres eram retratadas deitadas imobilizadas, cobertas pelas folhas de framboesas-pretas ou presas por árvores nuas de inverno. Uma mulher encolhida aparece com colchas pesadas em cima do corpo, e, em algumas, a figura negra do luto envolve seus ombros, sobrecarregando-a como um manto pesado. Mas, nas últimas pinturas da série, vemos a mulher recuperando seu coração da terra onde ele havia sido sepultado, e, em várias, o sol enfim aparece, os primeiros raios amarelos e laranja jogando luz na imagem. Essas peças são arrebatadoras.

Conversando um dia com Weber no estúdio, ela me contou que seu treinamento de artista tinha sido valiosíssimo no processo de passar pelo luto. Antes, ela trabalhava duro e desenvolvera grande habilidade técnica com pincel, água e pigmento. Depois de Jack morrer, ela realmente tinha algo a dizer e, sem aqueles anos de preparação, não teria a habilidade de transmitir a profundidade de seus sentimentos. Eu percebia que, sem a profundidade oceânica de sentimento, sua obra anterior, embora linda, não evocava a mesma ressonância no espectador. Uma estrada muito longa se estendeu entre a morte de Jack em 1996 e a exposição dela em uma galeria em 2001, por fim restaurando uma nova vida, inspirada pela presença da ausência dele.

Como tirar uma foto do cérebro trabalhando

Muitos de nós que passaram pelo luto nos identificamos com as pinturas de Weber, ficamos assolados quando o reconhecimento das lindas imagens e justaposições suscita nossa própria experiência de sofrimento. Na introdução, comecei a contar como se deu o primeiro estudo de neuroimagem do luto, quando todas as estrelas se alinharam para nosso projeto. Nossa pergunta era: o que acontece no cérebro quando alguém está experimentando uma onda de luto — mas como podemos evocar a sensação do luto no ambiente médico desconhecido, estéril da máquina de ressonância? Os retratos criados por Weber evocavam a solidão profunda e o silêncio do luto; como poderíamos provocar essa sensação de forma confiável? Máquinas de ressonância estrondam e zunem alto, e, na época, as pessoas tinham inclusive de morder uma barra para não mexer a cabeça — não era exatamente um cenário que permitisse a alguém acessar seus sentimentos mais íntimos e profundos.

A imagem por ressonância magnética funcional (IRMf) consegue localizar qual parte do cérebro está ativa quando ocorre um pensamento, sentimento ou sensação em particular.

Neurocientistas inferem onde os neurônios estão disparando ao observar em quais regiões cerebrais o fluxo sanguíneo aumentou durante essa experiência em particular. IRMfs detectam o fluxo sanguíneo devido ao ferro no sangue, usando o enorme ímã que dá o nome a essa tecnologia. Aí, dados do sangue pulsando no cérebro são transformados por meio de alguma física complicada nas imagens resultantes, que mostram a ativação cerebral. Depois de disparar, os neurônios precisam de sangue, então conseguimos ver quais regiões do cérebro são ativadas durante esses eventos mentais com base em onde no cérebro o sangue flui. As regiões que estão significativamente mais ativas durante o evento mental analisado do que durante uma tarefa-controle são mostradas como manchas coloridas dispostas em cima de uma imagem do cérebro em escala de cinza, com cores mais fortes representando mais oxigênio no sangue em uma área particular usada para aquela função mental. É disso que as pessoas estão falando quando dizem que o cérebro "se acende", mas essas cores representam a probabilidade computada de ativação em uma área, não uma luz ou cor de fato no cérebro.

A maioria das neuroimagens é baseada no método de subtração. Primeiro, você desenvolve uma tarefa que exige a função mental em que está interessado e escaneia o cérebro de alguém que a esteja fazendo. Por exemplo, digamos que você esteja interessado na função mental da leitura. O cérebro está ativo o tempo todo, fazendo todo tipo de coisa. Enquanto alguém lê, o cérebro também experimenta sensações físicas, mantendo-a respirando, registrando na memória o que está acontecendo, e assim por diante. No método de subtração, os pesquisadores criaram uma segunda tarefa, chamada tarefa-controle. A tarefa-controle é a mesma da primeira em todos os sentidos, exceto pela função mental em que os cientistas estão interessados. O cérebro é escaneado enquanto os participantes fazem ambas as tarefas sequencialmente. Uma tarefa-controle de leitura deve dar conta do fato de que a pessoa está movendo os olhos da esquerda para a direita, por combinações de símbolos que aparecem com frequência em seu idioma nativo. A tarefa-controle pode exigir que as pessoas olhem "palavras" sem sentido compostas por letras e sílabas comuns no idioma, mas que não têm significado real, então não é possível lê-las. Para cada imageamento cerebral, um computador registra as regiões ativas durante a tarefa de leitura e durante a tarefa-controle. Quando você subtrai a ativação durante a tarefa-controle da ativação durante a tarefa de leitura, infere-se que as áreas do cérebro que sobram são importantes para a função mental da leitura.

Para escolher uma tarefa que pudesse ser usada para evocar e estudar o luto por meio do método da subtração, Harald Gündel, Richard Lane e eu precisamos pensar em como capturar um breve momento emocional de luto. Consideramos como esse sentimento ocorre na vida real e nos decidimos por duas possibilidades. Primeiro, quando as pessoas nos contam a história do que aconteceu com seu ente querido, as palavras específicas que escolhem estão ligadas a memórias específicas da perda. Segundo, quando uma pessoa enlutada quer compartilhar algo sobre seu ente querido, frequentemente puxa um álbum de fotos. Palavras e fotos foram exatamente o que pedimos para cada participante compartilhar conosco. Pelo fato de o luto ser tão único, tão específico da pessoa amada que morreu, sabíamos que não podíamos usar as mesmas palavras ou fotos para as oito mulheres no estudo. Então, digitalizamos fotos individuais dos entes queridos falecidos que cada participante nos trouxe. Na imagem digitalizada, adicionamos uma legenda usando palavras relacionadas ao luto que a participante usara numa entrevista sobre sua perda. Eram palavras como *câncer* ou *colapso*, específicas para a morte daquela pessoa. Durante a ressonância, elas olharam as fotos e as palavras enquanto medíamos a atividade cerebral.

Depois, precisamos criar a condição de controle. O cérebro tem áreas específicas para identificar rostos humanos e áreas para ler palavras. Decidimos usar uma foto de um estranho como comparação. Para corresponder às palavras, usamos palavras neutras do mesmo comprimento e da mesma parte do discurso. Por exemplo, a palavra correspondente a *câncer* era *gengibre*.* Portanto, como tarefa-controle para o método de subtração, fizemos, para cada participante, slides de estranhos com legendas com palavras neutras.

As fotos que nossas generosas participantes compartilharam eram muito comoventes — por exemplo, de uma mulher que perdeu o marido de muitas décadas, uma foto do jovem noivo com uma fatia do bolo de casamento. Outra era um homem de camisa havaiana, o sorriso relaxado transmitindo pela câmera a diversão de umas férias compartilhadas com a mulher que agora era sua viúva. Quando pedimos para as participantes enlutadas nos dizerem o que sentiram durante a apresentação de slides, elas nos contaram que sentiram luto principalmente ao olhar a pessoa que amavam com a legenda da palavra relacionada ao luto. Também medimos a quantidade de suor produzida por seus dedos em reação a cada slide, e a reação foi maior àqueles do ente querido com a palavra de luto, e a menor reação de suor foi quando elas olharam o estranho e a palavra neutra, como esperado.

* Em inglês, as palavras têm alguma equivalência, como explicado pela autora: *cancer* e *ginger*. (N. T.)

Em geral, em um estudo laboratorial, usamos os mesmos estímulos para cada pessoa, de modo a manter aquele aspecto constante. Pedir para pessoas enlutadas levarem uma foto da pessoa amada, de modo que cada uma olhasse uma foto diferente, era uma ideia nova. Era crítico, porém, evocar o luto real em cada uma, pois, para cada um de nós, o luto é tão único quanto nosso relacionamento.

Resultados

Mencionei o córtex cingulado posterior (CCP) no capítulo 2, no estudo de "escolha sua aventura". O CCP é uma região grande que começa no meio do cérebro e se curva em torno dos ventrículos centrais cheios de fluido, indo para a parte de trás da cabeça. De outros estudos de neuroimagem, sabemos que o CCP é importante para recuperar memórias emocionais, autobiográficas; aliás, o CCP permite o sentimento de luto. Nossos lembretes da pessoa amada falecida na ressonância avivaram aquelas memórias em nossas participantes. Em nosso estudo, o CCP mostrou mais ativação neural ao olhar uma foto do falecido em comparação com a foto de um estranho.

Mas o CCP não foi a única região ativada durante a tarefa de luto. Uma compreensão mais contemporânea do cérebro revela que muitas regiões ficam ativas ao mesmo tempo, em rede. Outra região ativada é o córtex cingulado anterior (CCA). Muitas atividades mentais exigem o CCA, porque essa região dirige nossa atenção para coisas consideradas importantes. Dá para entender por que o CCA é ativado quando pensamos em palavras que nos lembram da morte da pessoa amada em comparação com olhar palavras neutras. Claro, a morte de alguém que amamos é importante na hierarquia — como neurocientista, esse resultado me lembra exatamente do quanto ela é importante.

Vemos com frequência duas regiões, o CCA e a ínsula, ativadas juntas quando algo doloroso exige nossa atenção, e vimos essa coativação durante os momentos de luto na ressonância. Um motivo para sabermos tanto sobre o CCA e a ínsula sendo ativados juntos vem de estudos sobre dor física. Essas duas regiões reagem durante um estímulo de dor física, como calor desconfortável aplicado nos dedos dos participantes durante uma ressonância magnética do cérebro. O mais fascinante nas regiões envolvidas na dor física é que os neurocientistas conseguem distinguir entre os aspectos físicos e os psíquicos ou emocionais. Pensando bem, o aspecto físico da dor é igual a uma sensação intensa. Especialistas em anatomia entendem há muito tempo os neurônios que serpenteiam o corpo de receptores de sensação nos dedos, passando pela medula espinhal e entrando em áreas específicas do cérebro que têm um mapa topográfico do corpo, indicando na consciência onde aconteceu a sensação de dor. Mas esses neurônios terminam na região sensório-motora do cérebro. Então, dor física é derivada da intensa sensação produzida no cérebro. A parte emocional da dor, o sofrimento que acompanha a dor física, é derivada do CCA e da ínsula, que reagem ao aspecto alarmante e sofrido da dor. Portanto, quando essas duas regiões foram ativadas durante o luto, interpretamos sua coativação como estando relacionada à dor emocional do luto. As localizações exatas no CCA e na ínsula não são idênticas nas dores física e emocional, mas são vizinhas bem próximas.

Resultados levam a mais perguntas

Os resultados desse primeiro estudo mostraram que o luto é algo muito complexo de ser produzido pelo cérebro. São necessárias muitas regiões cerebrais para além daquelas que processam imagens e palavras: o luto envolve regiões que processam emoções, tomam a perspectiva alheia, lembram memórias episódicas, percebem rostos familiares, regulam o coração e coordenam todas as funções anteriores. Por outro lado, os resultados foram específicos, confirmando que o luto não ativa todas as regiões do cérebro. Por exemplo, em nosso estudo, o luto não ativou a amígdala, um pedaço do cérebro em formato de amêndoa frequentemente evocado quando o cérebro está produzindo fortes emoções.

Nosso estudo de neuroimagem provou que a dor poderia ser examinada com sucesso no cérebro, demonstrando o que ocorreu quando espiamos lá dentro. Foi um passo importante para a ciência considerar a investigação do luto a partir da perspectiva do cérebro. Por outro lado, os resultados pareciam incompletos, pois eram apenas uma descrição das regiões envolvidas. Os resultados não respondem a algumas das questões importantes que as pessoas querem saber sobre o luto. Precisávamos de um modelo neurobiológico de passar pelo luto que fosse além de um rol de regiões do cérebro.

Naquela época, eu acreditava que a neurociência poderia fornecer uma visão de como a experiência do luto muda durante o período em que se está passando pelo luto, em outras palavras, como o conhecimento da ausência do nosso ente querido é atualizado com o tempo. Eu esperava que a neurociência pudesse nos ajudar a entender e prever quem se ajusta com resiliência após a morte de um ente querido e quem tem dificuldade de restaurar uma vida significativa. Além disso, eu queria saber como o cérebro pode interferir na nossa adaptação. Mas a publicação do primeiro estudo de neuroimagem sobre luto, em 2003, foi só o início. Esse estudo do luto criou uma base para descrever o que o cérebro fazia no momento em que se sente o luto, mas não satisfazia minha curiosidade científica sobre o processo de passar pelo luto.

Compartilhando ciência com o público

A simples descrição de um fenômeno é comum nos primórdios dos estudos, um passo inicial no treinamento de nosso foco em uma nova área de investigação. Uma descrição muito famosa do luto tem persistido em nossa cultura há décadas. Em 1969, Elisabeth Kübler-Ross publicou *Sobre a morte e o morrer*. O modelo das cinco etapas do luto que Kübler-Ross discutiu em seu livro é o modelo de que o mundo se lembra, apesar de o progresso da pesquisa nas décadas seguintes ter mostrado que o modelo é impreciso ou incompleto. Essa consciência generalizada do modelo de Kübler-Ross existe, em parte, porque ela tocou o coração e a mente daqueles que leram seu popular livro. Todos conhecem essas etapas (negação, raiva, barganha, depressão e aceitação), quer as tenham escrito em cartões-fichas para estudar para a aula de Introdução à Psicologia, quer simplesmente tenham pesquisado "lidar com o luto" no Google. Dito isso, as informações que podem ser encontradas na internet sobre o luto melhoraram um pouco, especialmente se olharmos os sites produzidos por boas fontes, como os Institutos Nacionais de Saúde norte-americanos.

Elisabeth Kübler-Ross era uma pessoa fascinante. (Tive a honra de ouvi-la falar no Arizona, onde ela viveu antes de sua morte em 2004.) Ela cresceu em Zurique[1] e, quando jovem, voluntariou-se para trabalhar com refugiados após a Segunda Guerra Mundial. Ela visitou o campo de concentração perto de Lublin, na Polônia, e a experiência teve um efeito duradouro e profundo sobre ela. Nos anos 1960, como psiquiatra nos Estados Unidos, começou a atender pacientes e a escrever durante os movimentos pelos direitos civis e pelos direitos das mulheres. Essas mudanças culturais deram voz a grupos que antes não tinham lugar de fala. Da mesma forma, ela deu voz, por meio de sua escrita, a doentes terminais. A crença na época, e até certo ponto ainda hoje, era que a morte iminente não é algo a ser discutido nem mesmo entre médico e paciente. Ela escolheu entrevistar pacientes sobre suas experiências de tremenda perda ao enfrentar sua mortalidade perguntando o que eles sentiam, o que pensavam e como entendiam o que lhes estava acontecendo. Não apenas isso, ela convidou outras enfermeiras, médicos, residentes, capelães e estudantes de medicina para participar dessas entrevistas. Depois compartilhou o que essas pessoas reais que estavam morrendo tinham a dizer, primeiro em um artigo na revista *LIFE*, incluindo fotografias comoventes dessas entrevistas, e depois em seu notável livro em 1969.

Kübler-Ross estava usando uma das melhores tecnologias que a psiquiatria tinha a oferecer na época — a entrevista clínica. Ela fez o mesmo que todos os cientistas quando começam a estudar um fenômeno pela primeira vez: descreveu. Catalogou o que os pacientes diziam, destilou o que eles descreviam em um modelo e compartilhou esse modelo com o mundo. Ela não estava errada a respeito do conteúdo do luto. As pessoas descreviam experiências de raiva e depressão. Algumas delas não conseguiam relatar sua experiência por causa da negação, e outras gastavam muito tempo e esforço ruminando sobre como poderiam barganhar uma saída para a morte. Algumas pareciam em paz com o que estava por vir, aceitando que estavam no último capítulo da vida. Ela descreveu o que todos compartilhavam, focalizando e criando um modelo que incluía os aspectos que pareciam mais importantes, de uma forma que ninguém mais havia feito.

Kübler-Ross e outros aplicaram os estágios do luto que ela descreveu originalmente em pacientes terminais ao luto após perder alguém, o que é um grande salto. Mas descrição não é o mesmo que investigação empírica. Assim como em meu primeiro estudo de neuroimagem, havia mais a descobrir sobre o luto. Kübler-Ross estava usando a experiência momentânea de luto das pessoas durante entrevistas para descrever o processo de passar pelo luto ao longo do tempo. Embora ela estivesse correta ao relatar o conteúdo da experiência das pessoas, nem todos passam por todas as cinco etapas ou as experimentam nessa ordem. As cinco etapas não são um modelo empiricamente comprovado do processo de adaptação após a perda.

O problema, e o dano que isso causou às pessoas enlutadas, é que o modelo que ela desenvolveu foi considerado mais do que uma *descrição* do luto daqueles que ela entrevistou e tomado como uma *prescrição* de como se enlutar. Muitas pessoas enlutadas não sentem raiva, por exemplo, e por isso sentem que estão sofrendo do modo errado ou não completaram todo o "trabalho do luto". Os médicos às vezes dizem que um paciente está em negação sem entender que os estágios não são lineares e que as pessoas entram e saem da negação em momentos diferentes. Em suma, muito poucas pessoas experimentam a progressão ordenada das etapas que Kübler-Ross propôs e, tragicamente, podem sentir que não são normais se isso não acontecer. Esse modelo antigo e ultrapassado foi substituído por modelos que têm mais ciência empírica por trás, mas os clínicos às vezes insistem em usá-lo, e o público em geral não está ciente de que nossa compreensão do processo de luto se desenvolveu significativamente.

A jornada do herói

Quando digo às pessoas que estou escrevendo um livro científico popular sobre o luto, quase todos pressupõem que vou discutir as cinco etapas do luto. Por que esse modelo persiste apesar das evidências científicas de que o luto não prossegue em etapas lineares? Os psicólogos e especialistas em luto Jason Holland e Robert Neimeyer propuseram a melhor razão que já encontrei para essa insistência.[2] Eles descrevem o modelo dos cinco estágios como refletindo o "monomito" de nossa cultura. A jornada do herói, ou, neste caso, a jornada do enlutado, é uma estrutura narrativa épica que encontramos na maioria dos livros, filmes e histórias populares que já ouvimos. Pode-se pensar em qualquer herói, desde Ulisses na *Odisseia* até Alice em *Alice no País das Maravilhas* e Onze em *Stranger Things*. O herói (o enlutado) entra num mundo desconhecido e aterrador, e, após uma árdua jornada, retorna transformado, com uma nova sabedoria. A jornada é composta por uma série de obstáculos (etapas) quase impossíveis de serem vencidos, tornando o herói nobre quando é bem-sucedido em sua busca. Holland e Neimeyer resumiram bem: "A atração aparentemente magnética de uma representação do luto em etapas, que começa com uma separação desorientadora do mundo 'normal', pré-luto, e progride heroicamente por meio de uma série de provas emocionais claramente marcadas antes de se materializar em uma etapa triunfante de aceitação, recuperação ou retorno simbólico, pode dever-se mais à sua coerência convincente com uma estrutura narrativa aparentemente universal do que à sua precisão objetiva". O problema com esse monomito é que as pessoas sentem que não são normais quando não experimentam um conjunto linear de obstáculos. Ou sentem-se fracassadas porque não "superaram" a dor nem alcançaram algum estado iluminado. Amigos, familiares e até mesmo médicos às vezes se preocupam quando não há um retorno claro de um herói sábio.

Holland e Neimeyer conduziram um estudo empírico que procurou os cinco estágios e descobriram que a adaptação não é tão linear ou ordenada. O sofrimento em geral é mais pronunciado nas pessoas que estão passando pelo luto há menos tempo. Mas o sofrimento inclui todos os tipos de experiências de luto, incluindo descrença, raiva, humor depressivo e anseio. A aceitação é mais evidente entre aqueles que estão passando pelo luto há mais tempo. Assim, o sofrimento e a aceitação parecem ser dois lados de uma moeda, mas a subida e a queda de cada um tendem a parecer ondas ao longo de dias, semanas e meses. O relativo aumento na aceitação em comparação com o declínio relativo do sofrimento acontece, felizmente, mas durante um longo período. Em meio a essa lenta inversão da aceitação sobre o sofrimento, tende a haver uma inversão temporária em torno de cada aniversário de falecimento, quando muitas pessoas experimentam uma recorrência normal do luto. A jornada normalmente não tem começo, meio e fim claros que possamos esperar, ou que nossos entes queridos possam esperar para nós, em meio à nossa angústia. Nas ondas de luto, a aceitação por vezes aumenta com mais frequência, e a angústia cai de intensidade sem desaparecer completamente.

O modelo do processo dual de lidar com a perda de alguém

A ciência do luto passou aos poucos, no fim do século xx, de concentrar-se no conteúdo do luto que as pessoas vivenciavam para concentrar-se no processo de sofrer a perda ao longo do tempo. Por meio de uma extensa colaboração, os psicólogos Margaret Stroebe e Henk Schut da Universidade de Utrecht, na Holanda, forneceram uma elegante ciência empírica do luto e desenvolveram um modelo que muitos clínicos usam hoje, o modelo do processo dual de lidar com o luto, em geral chamado apenas de modelo do processo dual.

O modelo do processo dual de lidar com o luto
Stroebe & Schut (1999)

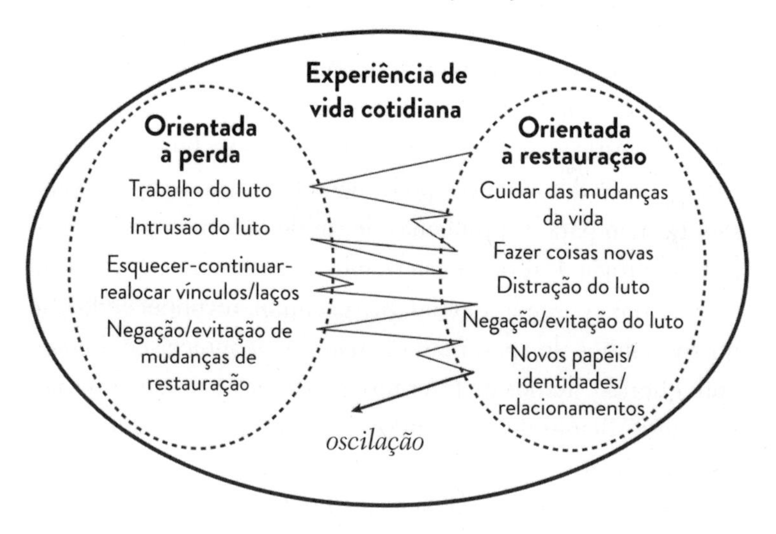

Dê uma olhada na imagem do modelo do processo dual. A esfera mais externa representa nossa experiência cotidiana conforme seguimos nosso dia a dia. As duas formas ovais no interior representam as tensões que enfrentamos quando morre um ente querido. Durante décadas, clínicos, filósofos e poetas têm falado sobre os estressores orientados à perda — as emoções dolorosas de perder alguém, a forma como tudo parece nos lembrar dele, mesmo sabendo que se foi. Esses estressores constituem o que normalmente entendemos como dor. A importante adição do modelo do processo dual foi nomear os outros estressores que enfrentamos. Por exemplo, também enfrentamos o que Stroebe e Schut chamavam de estressores orientados à restauração. São todas as tarefas que agora temos de fazer porque a pessoa se foi. Os estressores de restauração incluem coisas práticas que você não está acostumado a fazer ou, pelo menos, não sozinho, tais como calcular seu imposto de renda ou fazer compras de mercado. No caso de perder um cônjuge, você não só tem de aprender a viver sem seu amigo e amante, mas também sem a pessoa que costumava fazer as tarefas domésticas, digamos, ou ajudar a criar os filhos. Para um casal mais velho, a viuvez pode significar viver sem um apoio significativo para os problemas de saúde ou sem a pessoa que sempre dirigia. E restauração significa reorientar-se em relação a como nosso mundo mudou, por exemplo, reconhecendo que nossos sonhos de aposentadoria não vão acontecer com nosso ente querido. Temos de fazer novas escolhas e desenvolver novas metas diante de nossa nova realidade para restaurar uma vida significativa.

A verdadeira genialidade do modelo do processo dual, entretanto, é a linha denteada que liga as duas formas ovais na figura, mostrando que as pessoas vão e voltam entre esses estressores. Essa linha de oscilação destaca o processo de estar enlutado, em vez de apenas o conteúdo de nossos pensamentos e sentimentos. Às vezes, a oscilação ocorre dentro de um dia; por exemplo, você visita casas com um corretor imobiliário pela manhã e fica absorto nas memórias do seu álbum de casamento à tarde. Às vezes é ainda mais curto, como chorar no banheiro do escritório e voltar dez minutos depois para o projeto em sua mesa. Às vezes, enfrentar um estressor significa negar ou evitar completamente outro: "Vou simplesmente fingir que não tem nada de errado durante os próximos 45 minutos e torcer no jogo de futebol da minha filha".

Quando as sementes do novo modelo do processo dual brotaram pela primeira vez, alguns clínicos o contestaram, porque o modelo perfurava algumas crenças (ou mitos) sobre passar pelo luto — por exemplo, o mito de que isso exige que nos concentremos apenas em confrontar os sentimentos de luto, sem nenhuma consideração pelo fato de que a pessoa também pode se beneficiar do tempo gasto em não confrontar esses sentimentos. Pode parecer que tirar um tempo de folga do luto seja negar, reprimir ou se distrair dos sentimentos em relação à morte, e isso era considerado ruim para um ajuste em longo prazo. Mas o tempo livre do luto pode dar à sua mente e ao seu corpo uma pausa do estresse do caos emocional. Stroebe e Schut quiseram abordar essas limitações nos modelos anteriores do processo de luto.

Ambos os polos, tanto de perda como de restauração, são importantes para a experiência de passar pelo luto. A chave para lidar bem com a perda de alguém é a flexibilidade, cuidar do que está acontecendo no dia a dia e também ser capaz de se concentrar em lidar com qualquer que seja o estressor que estiver mostrando sua cara feia. Os enlutados também têm momentos em que não são consumidos pela dor, quando estão simplesmente engajados na experiência cotidiana fora das duas figuras ovais. Com o passar do tempo, eles ficam cada vez mais engajados na vida cotidiana, e as dificuldades da perda e da restauração de uma vida significativa recuam gradualmente. As figuras ovais que representam a interrupção da perda e o esforço de restauração nunca desaparecem, mas esses estressores evocam reações emocionais menos intensas e frequentes. Na segunda metade do livro, vou discutir mais detalhadamente como funciona essa abordagem flexível para lidar com a perda.

5
Desenvolvendo complicações

No verão de 2001, fui convidada para um workshop na Universidade de Michigan, semanas depois de coletar as primeiras imagens de ressonância magnética do cérebro em luto. Pesquisadores proeminentes do luto dos Estados Unidos e da Europa compareceram, e o workshop teve um enorme impacto em mim, expandindo minha compreensão de como pensar cientificamente nessa perda. Naquele fim de semana, conheci pessoas e cientistas maravilhosos, incluindo George Bonanno, Robert Niemeyer e Margaret Stroebe, que trouxeram a ciência do luto para o século XXI. Eles me encorajaram em meu trabalho de jovem cientista e continuaram me influenciando ao longo dos anos ao nos tornarmos colegas.

O propósito do workshop era nos apresentar ao projeto de pesquisa Changing Lives of Older Couples (Mudanças de Vida em Casais Idosos, ou CLOC), feito na Universidade de Michigan com financiamento do Instituto Nacional de Envelhecimento. O projeto influenciou muito o campo da pesquisa do luto.

Nesse estudo longitudinal, foram entrevistados mais de 1.500 idosos, com centenas de perguntas, em momentos diferentes antes e depois da morte de um cônjuge. Como se pode imaginar, isso criou uma base de dados enorme. O workshop nos mostrou quais informações tinham sido coletadas, como elas foram compiladas e quais perguntas da pesquisa haviam sido respondidas até então. Mais de cinquenta artigos científicos, vários deles revolucionários, vieram desse projeto de pesquisa até hoje.

Uma das coisas mais valiosas no estudo CLOC é que os participantes foram entrevistados pela primeira vez quando ambos os membros do casal estavam vivos. Quando as entrevistas originais foram feitas, nenhum dos cônjuges tinha doença terminal. Aí, os pesquisadores acompanharam esses casais por muitos anos. Quando um dos cônjuges falecia, o sobrevivente era entrevistado outra vez, aos seis e aos dezoito meses após a morte. Como na entrevista original não havia indicação de quando um membro do casal morreria, é um tipo de estudo único, um estudo "prospectivo". As informações vinham do casal pré-viuvez, então não estamos confiando na viúva ou no viúvo para lembrar como as coisas eram antes da perda. Ter informação prospectiva evita imprecisões, já que nossas memórias são afetadas pelo tempo e enviesadas por acontecimentos naquele meio-tempo.

A perspectiva de antes da morte de um cônjuge se mostrou valiosa para desbancar empiricamente alguns mitos sobre o luto. A partir desses dados do CLOC, George Bonanno desenvolveu um modelo de passar pelo luto com evidência empírica usando as informações sobre a mudança no luto ao longo do tempo, e seu modelo das trajetórias de adaptação influenciou enormemente o campo de estudos. Imagine como o modelo de Kübler-Ross poderia ser se ela tivesse vivido na era da ciência, com acesso a 1.500 pessoas enlutadas e entrevistas em múltiplos pontos temporais ao longo de anos! Conjuntos de dados dessa magnitude nos reasseguram de que os padrões de adaptação são confiáveis em um grande número de pessoas. Ter muitas perguntas de entrevistas em uma só base de dados permitiu que cientistas testassem as associações e até previsões entre os aspectos emocionais, pessoais, circunstanciais, familiares e sociais do processo de passar pelo luto.

Trajetórias de passagem pelo luto

Imagine que você tenha entrado em um clube de leitura. No primeiro encontro, é apresentado a uma mulher que conta ter ficado viúva há cerca de seis meses. Você nota que ela parece retraída e, ao mesmo tempo, inquieta. É a primeira a ir embora naquela noite. Você torce para ela voltar, já que ela parece legal e tem algumas considerações interessantes sobre o livro. De fato, ela vai ao clube todo mês. Às vezes, parece um pouco melhor e, em outras, um pouco pior, mas basicamente mais ou menos igual. O clube de leitura é gostoso e você continua indo, até que percebe que já faz um ano e meio mais ou menos. Isso chama sua atenção, porque você percebe que a mulher não mudou muito nesse tempo. Ela não fala de pessoas novas na vida, muitas vezes fica chorosa quando o livro tem alguma perda e só parece, bem, deprimida.

Fique com ela em mente enquanto voltamos aos modelos científicos. A pergunta perspicaz a que Bonanno respondeu com os dados do CLOC foi: a trajetória de adaptação de todo mundo durante a passagem pelo luto é igual?[1] Se pessoas enlutadas fossem entrevistadas aos seis e aos dezoito meses após sua perda, todo mundo estaria igual, ou seria possível detectar grupos que caem em diferentes padrões? De fato, no estudo CLOC, Bonanno e seus colegas descobriram haver quatro trajetórias que podem ser usadas para categorizar a passagem pelo luto de alguém. Essas trajetórias incluem *resiliente* (aquele que nunca desenvolve depressão após a morte de uma pessoa amada), *luto crônico* (depressão que começa após a morte de uma pessoa amada e se prolonga), *depressão crônica* (depressão que começou antes da morte de uma pessoa amada e continua ou piora depois da morte) e *depressão melhorada* (depressão preexistente que cessa após a morte de uma pessoa amada). Esse modelo das trajetórias de passagem pelo luto já foi replicado em vários outros grandes estudos. Era simplesmente impressionante ter dados tão refinados sobre o processo de passagem pelo luto de tantos indivíduos.

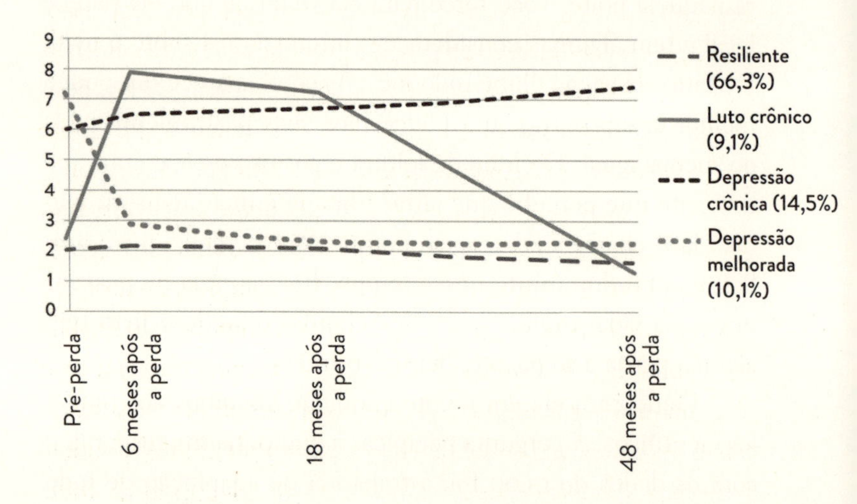

Vamos considerar qual trajetória se encaixa na situação da mulher do clube de leitura. Na imagem, os números no eixo *y* vertical (à esquerda) indicam sintomas depressivos; números maiores indicam níveis mais altos de depressão. A mulher do clube estava deprimida seis meses após a morte do marido, quando a conhecemos, e ainda está depois de dezoito meses. Mas eis o verdadeiro insight das trajetórias desse modelo de passagem pelo luto: você não sabe se aquela mulher entra no grupo de depressão crônica ou no de luto crônico. Isso porque você a conheceu após a morte do marido. A diferença entre essas duas trajetórias é o que quer que estivesse acontecendo na vida dela antes da morte dele.

Se ela se encaixa no grupo de depressão crônica, estava sofrendo com a depressão antes de ele morrer, e estar enlutada é uma continuação das dificuldades que ela estava vivenciando. Se ela se encaixa no grupo de luto crônico, estava vivendo bem, com altos e baixos normais, mas sem sofrer de depressão. Foram a morte do marido e o estresse da ausência contínua dele que levaram à depressão. Uma vez deprimida, ela não conseguiu sair dessa por meses a fio. Dá para imaginar por que a diferença entre essas duas trajetórias é importante. Em um caso, o sofrimento é de longa data e provavelmente exige um tipo diferente de intervenção do que se os problemas tiverem começado com a viuvez. O insight de Bonanno só poderia ser mostrado com dados prospectivos. Quando um médico encontra alguém que está sofrendo durante o luto, precisa perguntar se é um problema antigo. Não podemos pressupor que a morte possa ser apontada como causa do sofrimento, embora a pessoa esteja sofrendo após a perda.

Você talvez note que por quatro anos, ou 48 meses, a mulher que experimentou luto crônico tem o mesmo nível de sintomas depressivos que pessoas que seguiram uma trajetória resiliente. Sabemos que há pessoas que vivenciam o luto crônico por bem mais tempo, até uma década. Então, mesmo na trajetória do luto crônico, a adaptação é possível, ainda que o processo seja bem mais lento.

Resiliência

Uma das trajetórias de passagem pelo luto de Bonanno era "resiliência". Essas viúvas e esses viúvos não tinham depressão antes de perder o cônjuge e, quando foram entrevistados seis meses depois da perda, ainda não mostravam sinais de depressão. O mesmo aconteceu após dezoito meses. Claro, não temos como saber o que eles sentiram naqueles primeiros seis meses, e só porque não tiveram depressão não quer dizer que não tenham sentido luto ou sofrido.

O notável, no entanto, era quantos caíam nesta categoria resiliente de "não deprimido": mais da metade dos cônjuges viúvos. Isso significa que a resiliência é o padrão mais típico de luto, mostrando que a maioria das pessoas que vivenciam a morte de um ente querido não experimenta depressão em nenhum momento. Francamente, isso surpreendeu muitas pessoas que estudam o luto. Essa percepção nos lembrou de que os médicos haviam estudado principalmente pessoas enlutadas que procuravam ajuda após a perda, um grupo menor do que o grupo "resiliente" maior que não vivia a depressão. Tínhamos generalizado nossa compreensão das pessoas que estavam tendo dificuldade de lidar com o luto, porque não tínhamos uma pesquisa sistemática e em larga escala sobre o assunto. Só conseguimos esse conhecimento sobre a experiência comum de resiliência porque o estudo CLOC havia escolhido aleatoriamente pessoas em Detroit para participar. A amostragem aleatória requer métodos científicos sociais cuidadosos e é mais difícil do que se pensa. Quando os indivíduos foram convidados pela primeira vez a participar do estudo, os pesquisadores não sabiam como eles lidariam com a viuvez, porque ainda não haviam perdido um cônjuge. Isso significava que as pessoas que se adaptaram bem e as pessoas que não se adaptaram bem tinham a mesma probabilidade de serem incluídas.

Curiosamente, há menos pesquisas sobre o luto que não atrapalha muito a vida da pessoa. Para a psicologia clínica, faz sentido, porque a motivação clínica é entender o que ajuda quem precisa de ajuda. Também é mais fácil convencer alguém que está precisando de auxílio a participar de um estudo. Mas isso pode enviesar nossa compreensão do que é o luto.

Luto *versus* depressão

Sigmund Freud foi o primeiro a escrever sobre como o luto e a depressão são parecidos.[2] Embora possam parecer iguais, uma diferença é que a depressão frequentemente parece vir do nada, enquanto o luto é uma reação natural a uma perda. Desde a época de Freud, aprendemos que é possível distinguir depressão e luto, mesmo o luto severo. Por exemplo, a depressão tende a permear todos os aspectos da vida. Quem tem depressão sente que quase todas as facetas de sua vida são horríveis, em vez de sentir que só está tendo dificuldade com a perda.

Minha mãe morreu quando eu tinha 26 anos e não desenvolvi um luto complicado, mas tive depressão. Como mencionei, minha mãe também teve uma depressão importante, com episódios começando desde antes de eu nascer, e os suportou durante minha infância. A depressão é forte em minha família materna, como uma veia de minério de ferro correndo por gerações, escolhendo um ou outro indivíduo. Eu já havia tido um episódio de depressão antes de ela morrer, durante um período de saudade de casa em meu terceiro ano na faculdade no exterior. Minha reação à morte dela incluiu outro surto de depressão, e não foi o último. Conforme eu aprendia mais das pessoas que vivenciavam luto complicado em minhas pesquisas, passei a perceber que o marco de sua experiência era o anseio. Não foi o sentimento com que lidei durante minha passagem pelo luto. Embora eu tenha sofrido após perder minha mãe, não estava ansiando que ela voltasse a estar presente. Aliás, fiquei aliviada por ela ter-se ido, porque nossa relação era difícil e porque eu sabia como ela fora infeliz durante períodos de sua vida. Sentir alívio pela morte de um ente querido, embora não seja incomum, é um estigma horrível, então não admiti isso a muita gente. Aliás, ainda tenho dificuldade de admitir aqui. Sem ela em minha vida, havia menos conflitos interpessoais, mas muitos dos padrões de relacionamento que desenvolvi durante duas décadas com minha mãe se repetiram em minhas outras relações, e, portanto, minha depressão permeou vários aspectos da minha vida.

Ao contrário de minha situação, para alguém com luto crônico, os sentimentos horríveis resultam de sentir saudade de quem se foi e, se houver culpa, isso também se voltará a algo relativo à perda. Em outras palavras, se o ente querido falecido estivesse vivo de novo, a pessoa com depressão talvez se alegrasse, mas essa volta não resolveria tudo. Ela continuaria deprimida. Mas, para alguém com luto crônico, os sentimentos, o sofrimento, as dificuldades estão todos ligados à ausência de quem morreu. Curiosamente, pessoas que tiveram depressão antes dizem que o luto é diferente da depressão.

A ciência do luto reconheceu que havia pessoas que começavam a sofrer após a morte de seu ente querido e continuavam por meses e até anos. Um grupo de especialistas em luto e trauma, incluindo pesquisadores e clínicos, reuniu-se em 1997 para discutir se conseguiriam concordar sobre os sintomas de um transtorno de luto crônico.[3] Embora muitos tenham escrito sobre quem não se recupera após uma perda, não havia consenso clínico sobre quais critérios deveriam ser usados para identificar esse fenômeno do luto crônico.

Esse grupo de especialistas identificou uma lista de sintomas característicos daqueles que estavam tendo mais dificuldade de se adaptar após a morte de um ente querido. Concordaram, com base em evidências científicas, que um transtorno de luto era distinto dos transtornos de depressão ou ansiedade (incluindo o transtorno de estresse pós-traumático). Os sintomas primários desse luto crônico incluíam (1) preocupação com ter saudade do falecido e (2) sintomas traumáticos causados pela perda. Foram desenvolvidos critérios que clínicos e psicólogos podiam usar para determinar se alguém que estavam estudando se encaixava nesse fenômeno do luto crônico. Criar esses critérios era importante, porque, anteriormente, pesquisadores diferentes usavam definições diferentes do que constituía luto severo, dificultando a comparação de pesquisas.

Esclarecendo o conjunto de sintomas de um transtorno de luto, podemos começar a fazer outras perguntas científicas. Por exemplo, talvez possamos prever e apoiar aqueles que têm maior risco. Podemos perguntar se havia outras características associadas ao luto crônico, como estresse fisiológico ou a forma como a perda era processada no cérebro.

Há uma vantagem e uma desvantagem em chamar o luto crônico de transtorno, dando, assim, um nome a uma experiência que aflige uma pequena proporção das pessoas enlutadas que sofrem muito intensamente por muito tempo. A vantagem é que dar nome a um transtorno mostra às pessoas que outros já sofreram da mesma forma, o que pode ser muito reconfortante. Permite que elas saibam que não são as únicas e que os pesquisadores estão trabalhando ativamente em formas de intervir. Embora desenvolver critérios clínicos não seja minha área de estudo primária como cientista clínica, entender a neurobiologia do luto sem algum contexto da história desse diagnóstico é bem difícil. Não podemos compreender o que pode estar errado no cérebro durante o luto crônico sem entender o que pode dar errado psicologicamente.

Uma vez tendo entendido que uma em cada dez pessoas enlutadas não se ajusta durante um longo período, concentramos nossa atenção clínica naquelas que não melhoraram com o apoio típico de seus amigos e familiares. Essa pequena parcela de pessoas não volta a sentir que sua vida é significativa ao longo do tempo. O foco naquelas que têm transtorno do luto, utilizando esses critérios, levou a psicoterapias que podem aliviar esse transtorno de forma eficaz. Falarei mais sobre esses tratamentos mais adiante.

Nós, como cientistas e clínicos, ainda estamos começando a entender exatamente o que é esse transtorno do luto. Ainda estamos no processo de distingui-lo do sofrimento humano normal do luto, bem como de depressão, ansiedade e trauma. Como ainda estamos fazendo a história, o luto transtornado desenvolveu alguns nomes diferentes, incluindo *luto complicado* e *transtorno de luto prolongado*. Embora inicialmente usado pelo grupo em 1997, o termo *luto traumático* passou a significar a dor após uma morte traumática; o termo *traumático* focaliza a ênfase em sobreviver a uma morte súbita ou violenta. O transtorno de luto prolongado está agora incluído na Classificação Internacional de Doenças (CID-11) produzida pela Organização Mundial da Saúde. Foi aceito como diagnóstico no *Manual diagnóstico e estatístico de transtornos mentais* (DSM-5-TR) produzido pela Associação Americana de Psiquiatria em 2022. Os sintomas característicos incluem anseio ou saudade intensos, ou pensamentos preocupantes no falecido, diariamente. Entre outros sintomas, há uma intensa dor emocional, um sentimento de incredulidade ou incapacidade de aceitar a perda, a dificuldade de se envolver em atividades ou fazer planos e um sentimento de que parte de si foi perdida. Esses sintomas ocorrem por pelo menos seis meses (ou por pelo menos um ano, segundo o DSM-5-TR), interferem na capacidade de cumprir com as responsabilidades profissionais, escolares ou familiares e excedem o que é esperado no contexto cultural ou social da pessoa.

A vida desse pequeno grupo de pessoas com um transtorno do luto é diferente da de quem experimenta o sofrimento humano universal do luto. Vejo isso na mulher que me disse que não havia motivo para dar aos seus filhos bar-mitzvás se a avó deles não iria estar presente. Vejo isso no homem que era um líder em sua comunidade local, mas, após a morte do filho, não podia mais ajudar porque ele "simplesmente não se importava mais com as pessoas". Vejo isso na repórter de um jornal nacional que acabou perdendo o emprego porque não conseguia terminar uma entrevista com suas fontes sem chorar. É a experiência da viúva que continua a comprar a mesma quantidade de alimentos que comprava antes da morte do marido apesar de saber que vai jogar fora a metade das refeições que ela cozinha para dois.

Gosto do termo *luto complicado* porque ele me lembra de complicações que podem acontecer em qualquer processo normal de cura. Se você quebra um osso, o corpo cria novas células que remodelam o osso e restauram sua força original. Embora os médicos possam ajudar nesse processo estabilizando o osso com um gesso, juntar o osso novamente é um processo natural de cicatrização. Mesmo anos depois, se você tiver quebrado um osso, um médico ainda conseguirá ver em um raio X que ele foi quebrado. O luto é semelhante, na medida em que a vida de qualquer um é mudada para sempre pela perda, mesmo quando ela se ajusta bem. Entretanto, pode haver complicações com uma fratura óssea em cicatrização, como uma infecção ou uma segunda lesão, e penso na passagem prolongada e severa pelo luto da mesma forma. Normalmente, há complicações que interferem no processo comum de adaptação, e o objetivo é identificar e resolver essas complicações para que a pessoa volte ao caminho certo com um ajuste típico e resiliente. Mais tarde, analisaremos em profundidade um tipo de complicação criada por certos pensamentos que surgem à medida que estamos nos adaptando.

Neste livro, uso com mais frequência o termo *luto complicado*, que estava em voga quando a maioria das pesquisas que relato foi feita. Estou me referindo à experiência severa e prolongada que resulta de complicações no processo de luto após uma morte. É o luto "crônico", a ponta superior do contínuo de passagem pelo luto que pode ser chamada de transtorno do luto. Na ciência clínica atual, o luto complicado captura um número maior de pessoas naquela ponta mais alta do contínuo (cerca de uma ou duas em dez) do que o transtorno de luto prolongado (entre uma e dez em cem). Embora os termos sejam ligeiramente diferentes, o que quero é, antes de mais nada, indicar pessoas enlutadas que caem nesse espectro.

Luto e estrutura do cérebro

Existem diferenças no cérebro daqueles que estão se adaptando com resiliência e de quem tem um luto complicado? A morte de um ente querido afeta o cérebro, mas a relação entre o luto e o cérebro é uma via de mão dupla. A função cerebral, que depende da integridade estrutural do cérebro, também afeta nossa capacidade de compreender e processar o evento da morte e o que ele significa para nossa vida. Dito de forma mais dramática, se uma pessoa não consegue se lembrar direito ou não consegue formar novas memórias, ela tem de ser informada e relembrada repetidamente de que seu ente querido morreu. Sem a estrutura cerebral para manter a memória no lugar, ela volta a ser confrontada com a perda várias e várias vezes.

Nossa capacidade cognitiva de manter memórias, fazer planos, lembrar quem somos e imaginar o futuro pode nos ajudar a restaurar uma vida significativa. A ciência investigou como a função e a estrutura do cérebro da pessoa enlutada impactam a relação entre essas capacidades mentais e os resultados do luto. Pesquisadores do Centro Médico Erasmus, em Roterdã, publicaram uma série de estudos que lançam luz sobre como nossos processos cognitivos e nosso cérebro mudam durante o período de luto. Em 2018, tive a sorte de trabalhar com esses pesquisadores quando estava em licença sabática na Holanda.

Em meados da década de 1980, esses médicos e pesquisadores prescientes perceberam que os idosos se tornariam uma porção maior da população da Holanda, assim como enfrentamos o envelhecimento populacional dos Estados Unidos. Eles sabiam que essa mudança demográfica causaria um aumento de adultos mais velhos com doenças crônicas e que a melhor maneira de descobrir as causas dessas doenças era estudar os fatores de risco. Iniciaram, então, um enorme estudo epidemiológico.

Como já discuti, separar os aspectos causais das doenças requer uma pesquisa prospectiva. As pessoas devem ser avaliadas antes de desenvolver a doença e depois podem ser acompanhadas para identificar quando desenvolvem doenças cardíacas, câncer ou depressão. Com essas informações de antes e depois, os pesquisadores podem olhar para trás e ver quais fatores causais existiam. Significativamente, devido à grande variedade de pessoas na amostra, eles também podem olhar para trás e ver se esses fatores existiam para aqueles que não desenvolveram essas mesmas doenças.

Os pesquisadores holandeses tiveram a brilhante ideia de se concentrar em um bairro típico de Roterdã e construíram uma instalação especial de pesquisa médica no meio daquele local. Isso permitiu avaliações médicas e psiquiátricas regulares, manutenção de registros centrais e uma integração entre comunidade e pesquisadores. Para pesquisar o luto, eles tomaram uma decisão-chave que mudaria drasticamente a ciência do luto. Não apenas perguntaram às pessoas se elas haviam passado pela morte de um ente querido, mas também usaram os critérios diagnósticos padronizados para avaliar a gravidade de seu luto. Consequentemente, temos agora anos de informações sobre a trajetória de muitos adultos idosos que passam pelo luto.

O povo holandês no estudo também fez IRMs estruturais do cérebro. As IRMs estruturais são diferentes das IRMs funcionais (IRMfs). Por mostrar onde os neurônios estão disparando, usei uma IRMf para o primeiro estudo de luto, de modo a determinar quais partes são usadas para funções mentais específicas, como memória ou emoção. As IRMs estruturais, por outro lado, distinguem osso, líquido cefalorraquidiano e matéria cinzenta. Uma imagem por ressonância magnética estrutural é basicamente um raio X 3-D chique. A IRM estrutural também pode ser usada para olhar o joelho ou o coração. Quando focada na cabeça, uma IRM estrutural mostra aos pesquisadores o tamanho total do cérebro. Significativamente, também mostra a integridade estrutural da matéria cinzenta e da matéria branca. Acontece que o cérebro não é sólido. Em vez disso, existem espaços minúsculos entre todos os neurônios. Assim como dois ossos podem ter o mesmo tamanho geral, se um osso tem osteoporose, ele pode ser poroso e quebradiço por causa de muitos buracos extras no seu interior, o que significa que sua integridade estrutural é ruim. Portanto, os dois ossos podem ter o mesmo tamanho, mas não o mesmo volume. Da mesma forma, no cérebro, os espaços são criados à medida que os neurônios encolhem devido a envelhecimento normal, lesão ou doença. Isso pode ser detectado com uma ressonância magnética estrutural, e podemos comparar os volumes cerebrais de diferentes pessoas.

O estudo de Roterdã comparou o cérebro de 150 pessoas mais velhas com luto complicado, 615 pessoas enlutadas que não tinham luto complicado e 4.731 pessoas não enlutadas. Não foram incluídas pessoas com transtorno depressivo maior atual, portanto os resultados foram claramente associados ao luto, e não à depressão. O grupo com luto complicado tinha significativamente menor volume cerebral do que o grupo não enlutado,[4] mas o cérebro dos grupos de não enlutados e resilientes eram indistinguíveis. Portanto, uma maior gravidade do luto em adultos mais velhos, e não apenas a experiência do luto, estava associada a um volume cerebral ligeiramente menor.

Uma única ressonância magnética é uma foto no tempo, uma seção transversal de informações. Ela não pode nos dizer nada sobre se um volume cerebral menor é a causa ou consequência do luto. Um volume cerebral menor naqueles com luto complicado não nos esclarece se as diferenças estruturais existiam antes do luto ou se desenvolveram-se depois. Por um lado, menos integridade estrutural preexistente no cérebro pode impedir a adaptação resiliente ao luto. Por outro, o estresse do luto severo pode levar a uma pequena quantidade de encolhimento no cérebro. Um cérebro um pouco menor e menos saudável pode dificultar a nossa aprendizagem ou adaptação durante a passagem pelo luto. O ponto importante é que, em um estudo muito grande com idosos, em média existiam algumas diferenças estruturais no cérebro daqueles com maior dificuldade de adaptação.

Essa descoberta levanta a questão de saber se também há mudanças no funcionamento cognitivo das pessoas enlutadas ou das que têm luto complicado. Mentalmente, passar pelo luto exige muito. A capacidade mental de planejar o futuro após a morte de um ente querido requer que nos apoiemos em nossas experiências passadas, geremos e antecipemos possíveis resultados e mantenhamos nossos valores, objetivos e desejos em mente — tudo isso considerando nossas circunstâncias atuais e nosso conhecimento geral do mundo. Integrar todas essas informações em um plano coerente com o qual possamos agir exige muita capacidade cognitiva!

Notavelmente, muitas pessoas enlutadas reclamam de dificuldade de concentração. É possível fazer testes cognitivos padronizados para determinar se as pessoas enlutadas diferem das não enlutadas em termos de capacidades cognitivas. Uma pessoa enlutada pode ter dificuldade de se concentrar por causa de algo que não seja sua capacidade cognitiva. Por exemplo, essa falta de atenção pode ser causada por pensamentos sobre o falecido ou sobre a perda em segundo plano. Em contraste, se um grupo enlutado não tivesse um bom desempenho em um teste cognitivo, mesmo empenhando todo o seu esforço e sua atenção, poderíamos concluir que a causa da dificuldade era o comprometimento cognitivo. Felizmente, os mesmos pesquisadores do estudo de Roterdã que investigaram a estrutura do cérebro também deram testes cognitivos a seus participantes.

Função cognitiva no luto, hoje e depois

No estudo de Roterdã, os participantes mais velhos foram submetidos a uma bateria completa de testes cognitivos. Isso incluiu testes de memória de curto e longo prazos, velocidade de processamento de informações, atenção e concentração, memória para palavras e suas associações, e funcionamento cognitivo global. Esses testes incluíram, entre outros, palavras-cruzadas, fazer a correspondência de símbolos, lembrar histórias e criar padrões com blocos, todos padronizados para a idade e o histórico educacional da pessoa. O psiquiatra e epidemiologista Henning Tiemeier descobriu que o grupo de luto resiliente não foi pior nesses testes do que o grupo de idade correspondente que não estava de luto. Assim, o luto por si só não afeta a capacidade cognitiva.

Por outro lado, o grupo com luto complicado não realizou tão bem os testes cognitivos em comparação com o grupo enlutado que era mais resiliente. Aqueles com luto complicado tiveram um funcionamento cognitivo geral ligeiramente inferior e uma velocidade de processamento de informações mais baixa. Mais uma vez, não sabemos nada sobre o que veio primeiro; é o problema da galinha ou do ovo. O estresse da adaptação a uma morte afetou o funcionamento cognitivo ou o funcionamento cognitivo da pessoa mais idosa afetou sua capacidade de processar a morte e suas consequências? Uma função cognitiva geral mais deficiente pode levar a um luto mais severo porque é mais difícil se ajustar à perda com menos capacidade cognitiva. Alternativamente, a função cognitiva pode ser prejudicada porque uma reação de luto prolongada pode afetar a estrutura ou a função dos neurônios e, consequentemente, as funções mentais que nosso cérebro permite.

Há alguma evidência que nos ajuda a desvendar o problema, embora eu não ache que seja definitiva. Quando os mesmos participantes idosos fizeram testes cognitivos sete anos depois, os que tinham luto complicado continuavam com mais probabilidade de ter algum comprometimento cognitivo geral em comparação aos que estavam passando pelo luto com resiliência.[5] O cérebro dos enlutados resilientes ainda parecia o dos não enlutados. Esses dados sugerem que a perda é um acontecimento normal da vida ao qual a maioria das pessoas se ajusta sem déficits duradouros. No entanto, para quem tem luto complicado, acontece algo único. Tiemeier e seus colegas interpretaram os resultados da seguinte forma: pelo menos em adultos mais velhos, pessoas com comprometimento cognitivo leve têm mais probabilidade de ter reações mais severas ao luto quando um ente querido morre. Esse comprometimento cognitivo leve os torna mais vulneráveis a sofrer com o luto complicado.

O lento declínio cognitivo que eles estão experimentando pode acontecer ao longo de décadas. Uma possibilidade é que o funcionamento cognitivo pior não seja causado pelo luto, mas sim que o declínio cognitivo esteja sendo atribuído ao luto porque é um evento fácil de apontar, mesmo que a perda tenha acontecido no meio de um lento declínio cognitivo. Acredito que ainda precisamos de mais pesquisas nessa área. Pergunto-me se, para esses adultos mais velhos com luto complicado, uma terapia eficaz que os ajudasse a se adaptar melhor poderia retardar ou parar o declínio cognitivo.

É importante notar que existem algumas limitações com essas pesquisas. Por exemplo, o declínio cognitivo como explicação para reações de luto complicado é menos provável em pessoas de meia-idade ou mais jovens no momento da perda. Pesquisas com testes cognitivos e IRMs estruturais ainda não foram feitas em pessoas mais jovens. As pesquisas também utilizam médias de grupos. Para qualquer pessoa que desenvolva luto complicado, não podemos dizer que tenha sido causado por um comprometimento cognitivo leve. Mesmo que os déficits cognitivos sejam um fator de risco para um luto complicado, é muito provável que o declínio ao longo do tempo seja uma interação entre o cérebro envelhecido e o estressante evento de luto.

Além disso, a psicoterapia para luto complicado pode melhorar o funcionamento cognitivo. Os psicólogos clínicos australianos Richard Bryant e Fiona Maccallum utilizaram a terapia cognitivo-comportamental (TCC) para tratar um pequeno número de pessoas com transtorno de luto prolongado. Então, testaram sua capacidade de lembrar memórias específicas antes e depois do tratamento.[6] A psicoterapia permitiu às pessoas enlutadas lembrar memórias autobiográficas mais específicas. Aqueles que mostraram as maiores melhorias em seu luto durante a terapia também tiveram o maior aumento nessa capacidade de memória. Portanto, o luto prolongado e a função cognitiva mais deficiente podem estar associados, embora não causalmente. Se o luto prolongado entra em remissão, as dificuldades cognitivas também podem ser resolvidas.

Psicoterapia para luto complicado

Imagine-se no caixa de uma mercearia comprando comida para a semana. Você observa os itens passarem na esteira e ouve os bipes quando o caixa passa o escâner por eles. Uma viúva chamada Vivian se via nesse lugar semana após semana. Enquanto observava o processo do caixa, ela pensava consigo mesma: "Eu sei que vou jogar metade disto fora". Por quê? Porque ela ainda cozinhava para si mesma e para seu falecido marido todas as noites. Ela preparava refeições elaboradas exatamente como sempre havia preparado. Incapaz de comer por dois, noite após noite, ela raspava metade da refeição no lixo. E ainda assim, na semana seguinte, ela se via selecionando o mesmo número de vegetais, massas, pães de hambúrguer e caixas de leite que na semana anterior. Ela simplesmente não conseguia não fazer compras para ele, como se sua relutância em alimentá-lo cortasse o último fio da corda resistente que os unira durante quarenta anos. Incapaz de controlar qualquer outra coisa, ela ainda podia cozinhar para ele. Ao mesmo tempo, sabia que suas ações não faziam sentido. Ela não punha um prato nem servia a porção dele — não havia nenhum mal-entendido em sua mente quanto ao fato de que ele havia morrido. Mas, como ela temia que sua família e seus amigos pensassem que estava louca, escondia essa rotina noturna de todos.

Em certo momento, Vivian ficou sabendo da terapia do luto complicado (TLC). Sem muita esperança, mas com um vislumbre do reconhecimento de que seus meses de jantares não consumidos talvez se encaixassem no anúncio com a descrição do transtorno, ela marcou uma consulta. A TLC foi desenvolvida pela psiquiatra Kathy Shear, da Universidade Columbia. Os ensaios clínicos randomizados de Shear provaram que as pessoas podem se recuperar quando a terapia é direcionada especificamente para sintomas de luto complicado, e mais gente se recupera com TLC em relação a um grupo de controle recebendo outro tipo de psicoterapia. Os estudos de Shear foram publicados no *Journal of the American Medical Association* (JAMA) e no *American Journal of Psychiatry*. Mesmo em adultos mais velhos, 70% dos que fizeram TLC se recuperaram em comparação com 32% dos que fizeram outra terapia.[7]

Vivian iniciou a terapia intensiva de dezesseis semanas. As sessões iniciais se concentraram em explicar como funciona o luto, e seu terapeuta comunicou que muitas pessoas sentem que estão presas ao luto por culpa delas mesmas. Vivian definitivamente se sentia assim, e contou que sua família achava que ela precisava "superar". Mas o terapeuta falou sobre como eles identificariam juntos as complicações que a atrapalhavam e lhe disse que ela teria deveres de casa entre as sessões para construir diferentes habilidades de que precisava em sua vida atual. Ele a ensinou a observar e escrever seus pensamentos e sentimentos para que eles pudessem descobrir quais eram os mais problemáticos para ela.

As compras no mercado eram o problema mais óbvio que Vivian conseguia apontar. O terapeuta disse que era um dos estressores de restauração do modelo do processo dual — administrar as compras de comida e cozinhar. Mas ele também queria se concentrar na perda, e perguntou se poderia gravá-la contando como o marido morrera (Vivian não havia descrito os acontecimentos daquele dia a ninguém antes). Ela explicou que seu marido havia estado no hospital por algumas semanas e que ela tinha ficado ao lado do leito dele dia e noite. Eles eram muito próximos, e ela queria estar lá nas poucas ocasiões em que ele acordava. Uma tarde, a enfermeira que a havia visto lá todos os dias gentilmente sugeriu que ela fosse para casa, tomasse um banho e pegasse roupas limpas para trazer. Vivian estava exausta, então, concordou. Uma hora depois, quando ela voltou, a enfermeira lhe disse que seu amado marido havia falecido. Vivian estava tão dominada pela dor e pela culpa que mal conseguiu dizer estas palavras para o terapeuta: "Nunca admiti para ninguém antes que foi culpa minha", disse ela. "Ele morreu sem mim."

A TLC abordou o estresse da perda revisitando essas emoções intensas e avassaladoras várias e várias vezes, e ensinando habilidades para entrar e sair flexivelmente desses sentimentos. Juntos, Vivian e seu terapeuta perceberam que ela estava evitando aquela memória e praticaram estratégias para poder revisitá-la. O terapeuta de Vivian lhe pediu para ouvir a gravação de si mesma contando a história todos os dias, encorajando a aceitação da realidade de sua perda. Esse dever de casa requer muita autocompaixão para enfrentar o sofrimento da dor, e parte dessa compaixão implica "dosar" os sentimentos e também aprender a deixá-los de lado; é a oscilação que vemos no modelo do processo dual.

Para enfrentar os estressores de restauração, o terapeuta perguntou a Vivian como seria cozinhar uma refeição só para uma pessoa. "Sinceramente, eu preferiria não comer", disse ela. "É muito deprimente imaginar uma batata pequena em uma panela ou em um prato. Eu me sentiria muito solitária." O que mais ela poderia fazer com a comida? Vivian decidiu sair, comprar alguns recipientes descartáveis e começar a congelar as sobras. Ela sabia que não as comeria, mas disse que poderia ver em sua igreja se alguém mais precisava de refeições. De fato, a coordenadora voluntária de visitas aos paroquianos disse que refeições caseiras eram muito necessárias. Vivian contou ao terapeuta que não conseguia se ver visitando pessoas solitárias em casa, mas disse que poderia levar as sobras congeladas para a igreja para serem distribuídas por outros.

Para muitas pessoas enlutadas que sofrem há muito tempo, encontrar, com ajuda de um terapeuta, objetivos e atividades que despertem até mesmo o mínimo interesse é uma revelação. Antes que a terapia termine, o terapeuta e a pessoa enlutada trabalham para fortalecer as conexões sociais, encontrando ou melhorando as relações com pessoas gentis ou amorosas que estarão na vida do paciente depois. Para Vivian, só experimentar uma nova maneira de fazer as coisas já a colocou em uma espiral ascendente. A coordenadora voluntária acabou se mostrando uma jovem alegre que amava ouvir as histórias de Vivian sobre sua vida e suas viagens ao redor do mundo com o marido. E ela adorava a comida de Vivian!

A TLC proporciona uma conversa imaginária guiada pelo terapeuta com a pessoa falecida. Durante uma dessas conversas, quando Vivian disse em voz alta o quanto amava o marido, foi inundada pela sensação de que ele também a amava. "Eu acho que ele me amava demais para morrer enquanto eu estava no quarto do hospital", disse ela. "Talvez tenha sido uma bênção eu ter saído, de modo que ele pudesse ir embora da forma como precisava." A força de seu amor a fez perceber que o que ainda os mantinha unidos não era a comida, mas um vínculo profundo que nunca desapareceria. Mais tarde, embora Vivian ainda cozinhasse para os paroquianos porque achava importante, não era mais por um sentimento compulsivo de que precisava alimentar seu marido.

Ainda há relativamente poucos terapeutas treinados em psicoterapia baseada em evidências para luto complicado. Além da TLC, outras formas de psicoterapia com base empírica incluem terapia de exposição e terapia cognitivo-comportamental.[8] Na Europa, estudos mostraram que terapia cognitivo-comportamental direcionada pode ser eficaz também em grupo. Mas a ciência do luto está dando passos amplos na compreensão de quais ingredientes-chave para a terapia servem para quem tem luto complicado e o que precisa mudar para a pessoa enlutada ter sucesso na terapia.

A dificuldade de diagnosticar o luto complicado

Um transtorno mental compartilha uma fronteira difusa com dificuldades humanas normativas. Reconhecemos um transtorno mental quando alguém ouve vozes que o fazem acreditar em coisas terríveis a seu respeito. Reconhecemos um transtorno quando a ansiedade paralisante de alguém o impede de sair de casa. Quando uma pessoa não consegue lembrar o nome de seu ente querido ou sofre tanta dor psíquica, que deseja estar morta, somos capazes de identificar esses estados como transtornos mentais. Psicólogos e pesquisadores estão empenhando-se para entender e explicar a fronteira obscura entre o luto transtornado e a dor humana universal da perda por meio da enumeração de critérios diagnósticos específicos, da avaliação do funcionamento na vida diária, de exclusões relativas ao tempo transcorrido da morte e se a reação parece convencional quando vista através da lente da cultura da pessoa.

Para aqueles que estão passando pelo luto e nunca antes sentiram a dor de perder um ente querido, o uso do termo *luto complicado* pode ser uma forma de transmitir o quanto eles estão se sentindo mal. Mas o sofrimento acompanha a passagem típica pelo luto, mesmo quando não é um transtorno. Preocupa-me que as pessoas se descrevam com o termo *luto complicado* por acreditarem que a profundidade do seu luto e o fato de a dor subjacente ao luto persistir não podem ser normais. Mas isso é uma preocupação comum — passar pelo luto leva tempo, e restaurar uma vida significativa também leva tempo, mesmo nos casos mais normais e naturais. Preocupo-me com o excesso de diagnósticos por parte dos profissionais e dos próprios enlutados, que estão simplesmente tentando explicar sua experiência em uma cultura que não entende o processo universal de luto.

Tenho visto o termo *luto complicado* ser adotado como um distintivo de lealdade à pessoa amada falecida, uma descrição de quão profundamente ela era amada. Mas a conexão com a natureza universal do luto ajuda a nos conectar com nossos semelhantes, portanto é preciso ter cuidado ao aplicar um diagnóstico apenas nos casos em que as complicações exigem uma intervenção única. Como profissional da saúde, ter o termo à disposição me permite comunicar aos colegas e convênios médicos que aquela pessoa que está passando pelo luto requer intervenção para voltar à trajetória de cura. O diagnóstico nos permite utilizar os tratamentos psicoterapêuticos cuidadosamente aperfeiçoados e estudados empiricamente que criam um trampolim para quem sofre com o luto complicado voltar a ter uma vida significativa.

6
Ansiando pelo seu ente querido

O momento da separação de um ente querido pode fazer parecer que tem alguém puxando os músculos do seu coração para fora do peito. Esses vínculos de apego, esses laços, são ao mesmo tempo invisíveis e intensamente reais. Mantêm-nos conectados a quem amamos; nos motivam a voltar para eles, como um elástico maleável; e criam uma sensação de que está faltando algo quando estamos longe.

Minha própria experiência desse momento de separação de meu cônjuge aconteceu em meados dos meus vinte anos. Eu tinha me casado havia apenas alguns meses, e minha mãe estava internada. Minha esposa e eu morávamos no Arizona, onde fazíamos pós-graduação, e minha mãe morava na minha cidade natal, onde passei a infância, em Montana. Como acontece frequentemente com doenças terminais, minha mãe tinha uma crise atrás da outra, e eu voava para vê-la com frequência. Eu pegava avião desde os dezoito meses de idade — minha mãe era britânica e toda a minha família materna morava na Inglaterra, por isso minha infância foi cheia de voos transatlânticos. Mas, devido à intensa emoção em torno dos voos enquanto minha mãe estava tão doente e do caos do qual eu sempre parecia estar indo e vindo, desenvolvi pavor de voar. Quando entrava em um avião, sentia pânico total. Fazia coisas vergonhosas para suportar o pouso e a turbulência, como me balançar no assento e cantar baixinho para mim mesma.

Em dezembro de 1999, minha mãe teve uma crise final. Minha irmã já havia voltado para casa, e foi recomendado que eu voltasse também. Minha esposa e eu decidimos que fazia mais sentido que ela ficasse em Tucson para esperar e ver se aquela hospitalização seria apenas mais um de uma série de acontecimentos. Ela me seguiria dentro de alguns dias, se necessário. Embarcar no último voo que eu faria enquanto minha mãe estava viva, forçando-me a deixar a pessoa de quem eu me sentia mais próxima no mundo e me dispondo a entrar no horror que era aquele avião — era como rasgar os tendões que nos uniam. Apesar de ser a decisão correta, toda a maquinaria do meu cérebro gritava para que eu não a deixasse. Poderosas substâncias químicas e conexões neurais tentavam me impedir de deixar a segurança e o amor que eu conhecia. Mesmo com a sorte de saber que eu a veria novamente, nunca esquecerei aquela intensa sensação de separação.

Ter saudade de um ente querido que está vivo, mas longe, é útil para manter nosso vínculo com ele; a sensação pode ficar insuportável quando sabemos que ele nunca mais vai voltar. As pessoas descrevem a dor avassaladora do luto, para além das emoções individuais, como física. Por que o luto dói tanto? Meus estudos do cérebro consideraram essa pergunta, e acredito que o cérebro tenha ferramentas poderosas, incluindo hormônios, neuroquímicos e genética, para produzir essa sensação dolorosa e aparentemente insuportável.

Quem é você, mesmo?

Quero fazer um pequeno desvio antes de responder à questão de por que a perda de um ente querido dói tanto a fim de falar sobre como o cérebro identifica aquele ente querido em particular, para começo de conversa. Para descobrir que pessoa nos sentimos péssimos de abandonar, o cérebro enfrenta um problema interessante. Para a maioria de nós, na monótona rotina da vida, ir para casa depois do trabalho não requer muita contemplação. Entretanto, pode surpreendê-lo saber que o cérebro tem de dedicar espaço no disco de memória para se lembrar exatamente do mesmo membro de nossa espécie com quem nos unimos noite após noite. É preciso lembrar que esse ser humano em particular é aquele com quem ele deve ir para casa depois do jantar, em vez daquele outro bonitão que você notou. Seu cônjuge não tem a mesma aparência do dia em que você se apaixonou por ele uma década depois ou na década seguinte. No entanto, temos a certeza de que é a mesma pessoa que conhecemos e com quem nos casamos, ou que alguém nasceu de nós e o criamos. Inclusive, há toda uma região cerebral, o giro fusiforme, especializada em lembrar rostos humanos e identificar e lembrar qual pessoa é a *sua*. Os neurocientistas determinaram que essa é a região do cérebro onde esse pensamento ocorre porque as pessoas que sofrem um derrame ou trauma craniano que afeta o giro fusiforme perdem a capacidade de reconhecer rostos familiares. Essa condição, a prosopagnosia, impede que elas reconheçam até mesmo alguém tão familiar como o marido ou a esposa.

A ideia de que a área fusiforme do cérebro é dedicada ao reconhecimento de rostos, ou a *hipótese de especificidade de domínio*, tem sido alvo de muito debate e investigação desde o final dos anos 1990. Uma alternativa, a *hipótese do especialista*, tem origem em experimentos feitos pela psicóloga Susan Carey e pela neurologista Rhea Diamond. A hipótese do especialista sugere que essa área cerebral pode ser especializada em reconhecer qualquer exemplo de uma categoria, como um Mini Cooper ou um Chevrolet 1957 como tipos de carros. Seria de se imaginar que em especialistas, como aficionados por carros ou antigos juízes de exposições caninas, essa área cerebral poderia ser especialmente ligada em categorias particulares. Esses especialistas precisariam fazer uma discriminação apurada entre as categorias maiores de "carros" ou "cães". A hipótese do especialista sugere que, embora o giro fusiforme seja especificamente recrutado quando se olha para rostos, é porque todos os seres humanos são especialistas em rostos. Os seres humanos precisam reconhecer pessoas específicas em muitas situações diferentes, sob diferentes condições de iluminação e de diferentes ângulos, assim como os juízes especializados em exposições caninas precisam identificar animais específicos, mesmo dentro de uma espécie. O treinamento do rosto humano, que torna todos nós especialistas, acontece ainda na infância, quando a visão é melhor na distância de vinte a trinta centímetros, que coloca em foco nossos cuidadores enquanto somos embalados em seus braços. Nosso mundo social exige que continuemos estudando rostos ao longo do desenvolvimento e da vida adulta. O debate sobre se o giro fusiforme funciona para detectar apenas rostos ou exemplos específicos de qualquer categoria de objetos ainda não está resolvido.

Mas, embora o debate não esteja resolvido, há boas razões para pensar que essa área específica do cérebro está preparada desde o início para aprender rostos. Algumas dessas evidências vêm do fato de que pessoas com traumatismo cerebral no giro fusiforme — pessoas com prosopagnosia, incapazes de identificar rostos — ainda são capazes de discriminar objetos individuais em outras categorias. Por outro lado, pessoas com traumatismo cerebral que não afeta o giro fusiforme não conseguem identificar com habilidade os objetos, mas ainda conseguem identificar rostos. Por exemplo, um paciente identificado como "CK" sofreu um ferimento com trauma na cabeça e teve sua capacidade de reconhecimento testada.[1] CK tinha uma coleção de milhares de soldadinhos de brinquedo e reclamou que não conseguia mais distinguir um soldado assírio de um romano ou de um grego, muito menos identificar soldados específicos dentro de um exército. No entanto, sua detecção facial humana de amigos e familiares era tão boa quanto a de qualquer outra pessoa.

Em nosso primeiro estudo de neuroimagem do luto descrito no capítulo 4, o giro fusiforme era ativado quando os participantes enlutados viam fotografias de seu ente querido em comparação com quando olhavam para fotografias de um estranho. Presumivelmente, analisamos atentamente o rosto de um ente querido pelo qual estamos de luto e, para isso, dependemos dessa área cerebral. É significativo que as pessoas não tenham usado a área do giro fusiforme associada ao reconhecimento facial quando olharam as palavras que as lembravam de seu ente querido falecido, sugerindo também que a área é específica para rostos, e não outros lembretes da pessoa.

Arganaz-do-campo marrom solteiro procura parceiro

Já definimos que o cérebro consegue identificar *quem* são nossos entes queridos, então a próxima pergunta é: *por que* escolhemos voltar para eles todas as vezes? E por que dói tanto quando não conseguimos achá-los? Sabemos, na verdade, bastante de como o cérebro induz o comportamento "procurando meu parceiro" por causa de um roedor único — ou, na verdade, de dois tipos diferentes de roedores parecidos: o arganaz-do-campo e o roedor-da-campina. Arganazes-do-campo moram por todas as planícies da América do Norte, enquanto roedores-da-campina vivem em elevações mais altas no Oeste dos Estados Unidos e no Canadá. O que chamou a atenção dos cientistas nessas duas espécies de mamíferos é que os arganazes-do-campo são monogâmicos, enquanto os roedores-da-campina são polígamos, apesar da grande semelhança genética. Embora muito já tenha sido escrito na imprensa popular sobre os vínculos desses bichinhos peludos, trabalhos científicos também investigaram, desde 2007, o que acontece quando esses roedores enfrentam separação permanente de seu parceiro.

Primeiro, vamos olhar os hábitos de acasalamento do arganaz-do-campo. Sendo um roedor monogâmico, um dia ele encontra outro arganaz disponível, e, depois de um dia de acasalamento selvagem, eles estão profundamente transformados. Agora, ignoram outros arganazes, preferem a companhia um do outro, constroem um ninho juntos e acabam tendo papéis igualitários na criação dos filhotes. É um vínculo de par para a vida toda. Para arganazes, esse período é de cerca de um ano, embora, quando cativos, eles possam viver até três. Os neurocientistas Larry Young e Tom Insel (que depois virou diretor do

Instituto Nacional de Saúde Mental) tiveram o palpite de que essa mudança permanente após o vínculo estava relacionada a dois hormônios liberados no cérebro: a oxitocina e sua prima química próxima, vasopressina. Para testar se esses hormônios eram essenciais no desenvolvimento neural de um vínculo, eles bloquearam a oxitocina durante o primeiro dia de acasalamento. Os arganazes-do-campo ainda acasalavam, mas não desenvolviam preferência um pelo outro; em outras palavras, não desenvolviam um vínculo de par. Em outro teste, os pesquisadores colocaram arganazes-do-campo juntos, mas não deixaram que acasalassem. Se lhes dessem oxitocina (para a fêmea) e vasopressina (para o macho) durante esse tempo, os casais formavam um vínculo de par duradouro apesar de manter a virgindade.

Roedores-da-campina são muito menos sociais em geral do que arganazes-do-campo e não têm preferência de acasalamento ao longo do tempo. Quando recebiam esses mesmos hormônios, os roedores polígamos ainda não desenvolviam um vínculo de par. É aí que entram as regiões do cérebro. Embora ambos os tipos de roedores tenham receptores desses hormônios, eles ficam em partes do cérebro ligeiramente diferentes para cada um. O arganaz-do-campo monogâmico tem mais de seus receptores de oxitocina numa parte do cérebro chamada núcleo *accumbens* em comparação ao roedor-da-campina. Veremos mais à frente neste capítulo que o núcleo *accumbens*, no cérebro humano, também é importante para criar vínculos entre pessoas.

Chave e fechadura

Os hormônios oxitocina e vasopressina desempenham um papel importante nos mecanismos neurais que apoiam as ligações entre pares. Essas substâncias químicas agem como uma chave no mecanismo chave-fechadura do cérebro, e os receptores para oxitocina e vasopressina são o buraco da fechadura. O número de receptores pode variar por muitas razões, diferindo entre espécies, entre indivíduos e em resposta a eventos na vida de alguém. A oxitocina pode estar inundando o cérebro, mas, se não houver receptores de oxitocina suficientes para que as chaves de oxitocina se encaixem, a inundação química não terá nenhum impacto sobre os neurônios e as conexões entre eles, e, portanto, não afetará nossos pensamentos, sentimentos e comportamentos.

As substâncias químicas e os receptores são feitos por genes. Os genes são o livro de receitas de como fazer tudo no corpo. Entretanto, as enzimas impedem que algumas das receitas sejam feitas em momentos determinados. Essas enzimas estão envolvidas no processo epigenético ("epigenético" significa "próximo aos genes"). As enzimas são como o invólucro de um livro de receitas, mantendo-o parcialmente fechado de modo que menos receitas de genes possam ser feitas. Sob certas circunstâncias, esse invólucro é removido. Esse certo conjunto de circunstâncias, para os arganazes-do-campo, é passar tempo e acasalar com o seu par recém-descoberto pela primeira vez. O sexo libera hormônios, banhando o cérebro em oxitocina e vasopressina. Os envoltórios enzimáticos ao redor do livro de receitas são removidos, de modo que mais receptores de oxitocina podem ser feitos, aumentando o número de fechaduras em que as chaves de oxitocina podem se encaixar. Tudo isso tem de acontecer enquanto o animal está olhando, cheirando, tocando e interagindo com seu novo amor para que as novas conexões e associações neurais sejam feitas com a visão, o cheiro e a sensação daquele arganaz-do-campo específico.

(Tenho certeza de que a terra também chacoalha e o tempo fica parado para os arganazes durante o sexo, mas isso é mais difícil de medir.)

Por meio de alguns experimentos sagazes, sabemos que é assim que o vínculo funciona.[2] Os pesquisadores colocaram uma droga no núcleo *accumbens* de arganazes-do-campo que estavam juntos pela primeira vez durante um dos experimentos em que não lhes era permitido ter relações sexuais. Essa droga liberava o invólucro para que a receita genética pudesse ser "lida" para fazer receptores adicionais de oxitocina. Os receptores de oxitocina aumentaram, como quando os arganazes faziam sexo no primeiro encontro, e eles criaram um vínculo de par. A combinação de o arganaz-do-campo estar presente e o cérebro dele estar sendo banhado em oxitocina, aumentando seus receptores, leva-os a formar vínculos de par. O parceiro tem de estar presente durante esse tempo para que a memória e o conhecimento daquele arganaz em particular fiquem estampados em seu cérebro, em sua própria epigenética.

Uma vez que o invólucro tenha sido retirado do livro de receitas, ele geralmente permanece aberto e, assim, as mudanças que apoiam a ligação perduram. É uma mudança epigenética permanente. Experiências importantes, como fazer sexo pela primeira vez com um parceiro, podem mudar o fato de *usarmos* ou não determinados genes (seguindo nossa metáfora, seria o equivalente a fazer as receitas). Se o invólucro permanecer no livro, não serão feitos tantos receptores de oxitocina, mesmo que o gene esteja sempre lá. O acasalamento pode mudar outros comportamentos, como querer construir juntos um ninho no Upper East Side e levar seus filhotes arganazes à escola juntos. Essa mudança epigenética permanente é o que nos motiva a retornar àquele companheiro específico várias e várias vezes, reconhecendo-o como nosso. Uma vez que estamos com ele, o núcleo *accumbens* emprega outras substâncias químicas a serviço de nossos vínculos, incluindo dopamina e opioides, que nos fazem nos sentir bem juntos. Não só o reconhecemos quando voltamos, mas também nos sentimos bem ao voltarmos sempre para ele.

Encontre-me em Nova York

Em 2015, fui convidada a participar de um workshop na Universidade Columbia, na cidade de Nova York. A neurocientista Zoe Donaldson, agora na Universidade do Colorado, em Boulder, reuniu um pequeno grupo de pesquisadores que trabalham com a neurobiologia da dor sob diferentes perspectivas. Donaldson e alguns dos pesquisadores estudavam arganazes--do-campo, e alguns de nós éramos neurocientistas clínicos. Cada um apresentou seu trabalho, tentando traduzir nossas descobertas entre disciplinas. Naquela noite, comemos sushi juntos em Manhattan, continuando nossa estimulante conversa. Perguntamos se conseguiríamos medir o luto em um roedor. Donaldson colocou desta maneira: como medir o que um animal sente com a ausência de algo? Essa pergunta continuou a impulsionar nosso pequeno grupo de neurocientistas a buscar os aspectos importantes da adaptação à perda em animais e em humanos a partir da perspectiva do cérebro.

Um dos investigadores que conheci em Nova York foi Oliver Bosch, um neurocientista da Universidade de Regensburg, na Alemanha. Ele fez um trabalho pioneiro observando o que acontece com o arganaz-do-campo que tem um vínculo de par quando separado de seu parceiro. Mais do que isso, seus requintados estudos fornecem mais detalhes mecanicistas sobre os sistemas cerebrais que mudam quando isso acontece.

Como aponta Bosch, para qualquer mamífero social, desde humanos até chimpanzés e arganazes-do-campo, estar isolado é estressante. Além do isolamento social geral, uma resposta particular ao estresse ocorre ao separar animais, incluindo humanos, de parentes próximos. Ao se separarem de seus parceiros, os arganazes-do-campo produzem mais quantidade de um hormônio muito semelhante ao cortisol humano, um hormônio do estresse. O arganaz-do-campo separado também produz mais do hormônio no cérebro que estimula a liberação do cortisol roedor, o hormônio liberador de corticotrofina (CRH, na sigla em inglês). Essa separação é agravada pelo fato de que normalmente seu parceiro cuidava dele quando chegavam em casa à noite após um dia estressante. Normalmente, após uma situação estressante, quando os arganazes-do-campo retornam ao ninho, um parceiro masculino ou feminino os consola por meio de lambidas e cuidados. Ouvi pessoas enlutadas descreverem isso à sua própria maneira, dizendo que o estresse extraordinário de passar pelo luto é particularmente horrível porque elas estão enfrentando a situação sem a única pessoa que em geral procurariam em tempos difíceis.

Tive a sorte de visitar Bosch na Universidade de Regensburg, onde ele me contou uma extensão fascinante da história dos arganazes-do-campo. O que eu acho mais interessante é que, uma vez que esses animais criam um vínculo de par, seu sistema cerebral está preparado, pronto para fazer o hormônio CRH se seu parceiro desaparecer. Dessa forma, o cortisol pode ser rapidamente liberado quando eles se perdem um do outro, motivando o arganaz-do-campo a procurar seu parceiro a fim de reduzir o estresse resultante. Bosch descreveu que, quando o vínculo acontece, é como uma arma sendo apontada, e a separação aperta o gatilho. Ele me disse que esse aumento de CRH no cérebro do roedor durante a separação também impede que as fechaduras e chaves da oxitocina funcionem corretamente. Normalmente, quando o pequeno casal de roedores é reunido e a oxitocina entra em ação, os hormônios do estresse voltam ao normal. No luto, sem a volta do parceiro, o estresse fisiológico continua.

Suportando o luto

Naturalmente, com dois quilos adicionais de cérebro, os humanos têm um sistema significativamente mais complexo de criação de vínculos do que os arganazes-do-campo. Mecanismos primários similares provavelmente estão trabalhando em segundo plano nas pessoas, mas são consideravelmente regulados e remodelados por nosso neocórtex grande e evoluído. A maioria de nós, quando na companhia de seus entes queridos, está, em primeiro lugar, seguro e confortável, com a recompensa das substâncias químicas liberadas em áreas específicas do cérebro quando entramos em contato com o parceiro específico que reconhecemos.

Nossa necessidade das pessoas que amamos, nossas necessidades de apego, são tão básicas, que quem vive socialmente isolado corre mais risco de uma morte precoce.[3] A maioria de nós consegue aprender com o tempo a ter as necessidades de apego atendidas de uma maneira nova ou diferente. Isso acontece pelo fortalecimento dos vínculos que temos com outros entes queridos vivos, desenvolvendo novos relacionamentos e transformando os vínculos que temos com a pessoa que morreu. Esses vínculos transformados e contínuos nos permitem ter acesso a ela pelo menos por meio do mundo virtual da mente. As pessoas com as quais os psicólogos clínicos realmente se preocupam, no entanto, são as do grupo que parece não conseguir reconstruir a vida após a perda, aquelas que têm um luto complicado. Em meu trabalho científico, eu queria entender se esses dois grupos, aquelas com uma trajetória resiliente e aqueles com luto complicado, reagiam de forma diferente aos lembretes de seu ente querido que havia morrido e o que poderia estar impedindo aqueles com luto complicado de se envolverem mais plenamente em sua própria vida.

Em meu segundo estudo de neuroimagem do luto, os neurocientistas sociais da UCLA Matthew Lieberman e Naomi Eisenberger e eu usamos a mesma tarefa de olhar fotos e palavras relacionadas ao luto que eu usara no primeiro estudo. Quando olhamos para o grupo de todos os participantes, independentemente de como cada um estava se adaptando, vimos uma réplica geral do primeiro estudo. Muitas das mesmas áreas do cérebro foram ativadas em resposta às fotos e palavras sobre o ente querido falecido, como a ínsula e o córtex cingulado anterior, que ficam enterrados profundamente no meio do cérebro. Como descrevi anteriormente, muitas vezes essas duas regiões são ativadas juntas quando uma experiência é dolorosa, tanto física como emocionalmente. Acredito que seja mais preciso dizer que elas são ativadas porque ondas de luto são muito notáveis ou salientes, e que sua saliência ativa essas regiões, mas é útil pensar na dor em relação ao luto, e muitas pessoas percebem e descrevem passar pelo luto como "doloroso".

Antes de passarmos à diferença na ativação neural entre os grupos de luto complicado e mais resilientes do estudo, quero compartilhar mais algumas coisas que a neurociência pode nos dizer sobre a dor. Lembre-se de que parte da dor física é sensação, e há o que poderíamos chamar de parte sofredora da dor física, os sinais de alerta que soam quando sentimos dor. Esses sinais de alerta são a forma de o cérebro chamar nossa atenção: "Ei, isto é importante! Pare de encostar aí! Você vai causar sérios danos aos tecidos!". Podemos entender isso como a "saliência" da dor, e a ínsula e o cingulado anterior estão envolvidos no envio dessas mensagens. As interações sociais também podem ser dolorosas, como ao ser rejeitado por alguém ou discriminado. Embora saibamos agora que a dor emocional não é codificada exatamente nos mesmos neurônios que a dor física, as áreas que codificam a saliência (a sensação de que aquilo é importante, é ruim, é sério) da dor física e a da dor emocional são muito próximas e permitem que ambas as experiências incluam sofrimento.

Isto é diferente daquilo

Quando olhamos todos os participantes juntos neste segundo estudo de neuroimagem do luto, vimos que todos que estavam enlutados mostraram regiões cerebrais ativadas relacionadas à saliência, ou os sinais de alarme, do luto. Também examinamos as diferenças entre a ativação cerebral no grupo tipicamente adaptável e resiliente em comparação com o grupo de luto complicado. Para poder atribuir qualquer diferença de grupo ao enlutamento, certificamo-nos de que os dois grupos fossem semelhantes de outras formas. Os grupos tinham, em média, a mesma idade, e o mesmo tempo havia decorrido desde as mortes. As pessoas dos dois grupos eram todas mulheres e todas haviam perdido a mãe ou uma irmã devido ao câncer de mama. Outra semelhança entre as participantes do estudo era que suas parentes amadas não haviam morrido repentinamente, mas após doença e tratamento durante muitos meses.

Conheci algumas pessoas notáveis nesse estudo de neuroimagem. Lembro-me vividamente de uma mulher de meia-idade que havia perdido a irmã. As duas eram cabeleireiras com estações adjacentes em um salão. Elas moravam perto uma da outra e até tiravam férias juntas. Embora a irmã do meu estudo fosse casada e tivesse filhos, sua irmã mais velha era a pessoa de quem ela se sentia mais próxima no mundo. A morte da irmã a devastou, e ela se sentia perdida sem a interação diária com aquela pessoa que estava em sua vida todos os dias desde que nasceu. Ela tinha valorizado o relacionamento das duas e sabia o quanto era sortuda. Não havia como conhecer alguém agora, no presente ou no futuro, com quem ela compartilharia a mesma história. Ninguém jamais poderia conhecer todos os dias de sua vida como a irmã. Sua vida parecia diminuída pela perda a ponto de não ter mais sentido. Essa mulher estava passando pelo luto complicado.

Uma região cerebral distinguiu os grupos de luto complicado e resiliência; foi o núcleo *accumbens*,[4] a mesma região cerebral importante no desenvolvimento do vínculo monogâmico de par em arganazes-do-campo. O núcleo *accumbens* faz parte de uma rede bem conhecida por seu papel em outros processos de recompensa (falarei mais sobre isso à frente), incluindo a reação a imagens de chocolate entre pessoas que sentem desejo por esse alimento. O grupo com luto complicado mostrou maior ativação nessa região do que o grupo mais resiliente. Durante uma entrevista antes do exame cerebral, pedimos às participantes para avaliar, em uma escala de 1 a 4, o quanto tinham ansiado por sua amada familiar nos últimos tempos. Em todas as participantes, quanto maior o nível de anseio indicado, maior o nível de ativação do núcleo *accumbens*. Descobrimos que o tempo decorrido desde a morte e a idade da participante não estavam relacionados com a ativação do núcleo *accumbens*. Mesmo a quantidade de emoções positivas e negativas que as participantes estavam experimentando não estava relacionada à ativação. Somente o anseio — a sensação de desejo ou saudade — estava relacionado a essa medição neural do núcleo *accumbens*.

Parecia muito estranho que o grupo que não estava se ajustando tão bem, o grupo de luto complicado, tivesse mais ativação na rede responsável pela recompensa. Quero deixar claro que, da forma como os neurocientistas usam o termo, "recompensa" não é apenas em relação a algo prazeroso. Recompensa é a codificação que significa, sim, nós queremos isso, vamos fazer de novo, vamos rever essa pessoa. Vários estudos de neuroimagens com humanos têm mostrado ativação no núcleo *accumbens* quando os participantes olham fotos de seu parceiro romântico (vivo) ou de seus filhos. A cabeleireira teria mostrado ativação no núcleo *accumbens* ao olhar uma foto da irmã enquanto ela ainda estava viva. Então, por que essa ativação é maior no grupo de luto complicado? Interpretamos que a ativação da recompensa naqueles que estão passando por um luto complicado em resposta a lembretes de um ente querido falecido ocorre porque eles continuam ansiando por vê-lo novamente, como nós com nossos entes queridos vivos. Aparentemente, aqueles com luto mais resiliente talvez já não prevejam que esse resultado gratificante seja possível.

Quero ser muito clara aqui, porque anseio ou fissura implicam vício, e o vício é distinto do que estou sugerindo que acontece em um luto complicado. Outros pesquisadores sugeriram que talvez sejamos "viciados" em nossos entes queridos, e, em minha experiência, isso é uma descrição estigmatizante para as pessoas que sofrem uma perda. Também não é muito precisa. Pensemos em outras necessidades humanas, como comida e água. Descreveríamos fome e sede como estados motivadores que nos levam a buscar alimento e água, mas nunca diríamos que alguém é viciado em água. Diríamos que eles precisam desesperadamente de água. A sede é uma motivação normal que o cérebro desenvolveu para suprir essa necessidade básica. O apego aos nossos entes queridos também é caracterizado pelo estado motivacional normal de anseio. Estou dizendo que esse anseio é muito semelhante à fome ou à sede.

Um olhar crítico

Há impasses entre a necessidade científica de ter um grupo de participantes muito semelhantes e o desejo de poder aplicar os resultados à população como um todo. Todas as participantes de nosso segundo estudo de neuroimagem do luto eram mulheres de meia-idade e principalmente brancas. Não é assim que é a maioria das pessoas enlutadas nos Estados Unidos, muito menos no mundo. Mas a crítica mais significativa a meu próprio estudo é que os exames de neuroimagem aconteceram em um único dia em toda uma trajetória de dias desses indivíduos que estão passando pelo luto. A interpretação do estudo depende de uma inferência de como um exame se encaixa nos muitos dias anteriores, mas não temos como saber se essa inferência está correta sem exames feitos várias vezes ao longo da trajetória de adaptação durante o período de passagem pelo luto.

A inferência funciona da seguinte forma: sabemos, a partir de estudos de imagem anteriores, que o núcleo *accumbens* é ativado em resposta a entes queridos vivos, como parceiros românticos ou filhos. Imaginamos que isso teria sido verdade também para as mulheres em nosso estudo antes de as conhecermos, quando suas mães ou irmãs falecidas estavam vivas. Em nosso estudo de luto, aquelas que estavam se adaptando bem pararam de mostrar ativação na região do núcleo *accumbens*, e aquelas com luto complicado continuaram mostrando o núcleo *accumbens* respondendo às fotos. A inferência está nas palavras "pararam" e "continuaram". Continuar implica um período, mas o que temos é, na verdade, um instantâneo de um único ponto de tempo em diferentes estudos com diferentes participantes. A ideia de que a ativação no núcleo *accumbens* muda ao longo da passagem pelo luto é uma inferência lógica, que se encaixa com os dados e as teorias que temos atualmente sobre o processo de luto, mas não está empiricamente provada.

Como nossa compreensão da neurobiologia do luto está em seus primórdios, há muitas oportunidades para especulação. No luto agudo, o cérebro nos permite aprender sobre nossas novas circunstâncias, fazer previsões mais precisas sobre nosso mundo, embora com reações emocionais dolorosas a lembretes da pessoa falecida. Talvez o cérebro também possa nos dar insights sobre o curso do luto crônico; talvez existam variações naturais nos sistemas neurais que normalmente facilitam a adaptação ao luto. Se o sistema de oxitocina estiver envolvido, talvez aqueles com luto complicado tenham mais receptores de oxitocina ou seus receptores de oxitocina estejam concentrados em diferentes regiões do cérebro. Talvez isso crie laços muito fortes com entes queridos vivos, o que é uma coisa boa, mas, quando circunstâncias de luto exigem que nos adaptemos à vida sem o falecido, é possível que os mesmos mecanismos ligados à oxitocina tornem muito difícil mudar o foco para outras pessoas em nosso ambiente.

Uma possibilidade interessante é que variações genéticas no receptor de oxitocina podem colocar as pessoas em risco de desenvolver luto complicado. Algumas pistas dessa possibilidade incluem a relação entre variações genéticas específicas da oxitocina e a ansiedade de separação de adultos, e vários estudos mostram uma ligação entre essas variantes genéticas e a depressão.[5] No entanto, muito mais pesquisas com muito mais pessoas precisam ser feitas nessa área antes que qualquer conclusão possa ser tirada.

Um sistema magnífico

A capacidade do cérebro de criar e manter laços é magnífica. Certos hormônios são liberados durante atividades específicas como fazer sexo, dar à luz ou amamentar. Como esses hormônios inundam o cérebro, e há receptores ali, neurônios em regiões particulares do cérebro formam conexões neurais mais fortes e realizam melhor suas funções mentais especializadas após essas experiências. Isso se chama permissividade, porque os hormônios liberados durante o evento dão aos neurônios "permissão" de criar neurônios mais grossos ou mais germinados, ou construir mais receptores. A oxitocina no núcleo *accumbens* permite vínculos de apego fortalecidos, motivando você a buscar aquela pessoa, não outras. A oxitocina na amígdala permite um reconhecimento melhor dos outros e mais controle sobre a ansiedade. A oxitocina no hipocampo permite memória espacial duradoura melhor, pelo menos nos ratos, provavelmente para permitir que as mães saibam onde estão suas crias que vagam por aí.[6] Essa pessoa por quem você se apaixonou, seja seu cônjuge ou seu bebê, abriu novos caminhos em seu cérebro. Para deixar claro, não são apenas os hormônios que fazem isso. Se hormônios forem despejados no cérebro quando você estiver num quarto sozinho, esse vínculo não vai (nem pode) acontecer. É só quando essas experiências de vida acontecem conosco *quando interagimos com a outra pessoa* pela qual nos apaixonamos — codificamos profundamente e lembramos a aparência dela, seu cheiro, sua sensação, e isso nos estimula a ansiar encontrá-la muitas e muitas vezes.

Essa codificação profunda de nossos entes queridos em nosso cérebro é poderosa. Tem um efeito vigoroso em nosso comportamento, na nossa motivação e em como nos sentimos. Codificar alguém quer dizer que o anseio é o resultado inevitável de nos separarmos dele. Nosso cérebro está fazendo todo o possível para nos manter unidos com aqueles que amamos. Essas ferramentas poderosas incluem hormônios, conexões neurais e genética, que pode às vezes até se sobrepor ao conhecimento dolorosamente óbvio de que o amado já não está vivo. A magnificência do cérebro me fez ter muita empatia pelo que pessoas enlutadas superam para refazer a vida quando seu ente querido não vai voltar. Sua adaptação requer o apoio de amigos e familiares, a passagem do tempo e uma coragem considerável para superar o que parte do nosso cérebro acha melhor para nós. Há, felizmente, outras partes de nosso cérebro que animais como arganazes-do-campo não têm. Podemos usá-las para nos ajudar a transitar entre emoções avassaladoras durante a passagem pelo luto, e é para isso que voltaremos nossa atenção a seguir.

7
A sabedoria para discernir

Após descobrir como o anseio é importante da perspectiva do cérebro, fiquei cada vez mais interessada em entender exatamente o que ele é. Comecei a estudar sistematicamente e, para isso, desenvolvi uma escala autorrelatada com uma variedade de perguntas para caracterizar diferentes aspectos do anseio. Como muita gente, eu estava curiosa para descobrir se o anseio após a morte de um ente querido era igual ao anseio após um término romântico ou ao de ter saudade de casa. Então, a psicóloga Tamara Sussman e eu chamamos a escala de Anseio em Situações de Perda (YSL, na sigla em inglês) e fraseamos os itens de modo que pudessem ser usados em todas as três situações.[1] Por exemplo, uma das afirmações é: "Sinto que as coisas eram tão perfeitas antes de perder ______". Essas palavras aparecem na versão da escala para pessoas enlutadas, com cada uma preenchendo a lacuna com o nome de seu ente querido. Para um término romântico, a afirmação é: "Sinto que as coisas eram tão perfeitas antes de ______ e eu terminarmos". Para saudade de casa, a afirmação equivalente é: "Sinto que as coisas eram tão perfeitas quando eu vivia em ______".

Aprendemos muito com essa empreitada. Pelo menos entre os jovens adultos, a quantidade de depressão que eles experimentavam contribuía para o seu anseio, estatisticamente falando. Mas havia menos associação entre o anseio e a depressão do que entre o anseio e o luto para o grupo de enlutados. Da mesma forma, havia menos associação entre anseio e saudade de casa (para o grupo que se mudou de casa), ou entre anseio e protesto por uma separação (para o grupo que se separou) do que entre anseio e depressão. Isso me lembrou de que, embora haja características comuns entre depressão e luto, as duas não são a mesma coisa. Por um lado, não há nenhuma pessoa específica ou coisa com a qual as pessoas com depressão estejam preocupadas ou pela qual anseiem. A depressão é uma experiência mais global, um sentimento de desespero e desamparo que se prende a tudo o que está acontecendo e já aconteceu e vai um dia acontecer.

Depois que a escala de anseio foi publicada, o psicólogo de Harvard, Don Robinaugh, usou-a para avaliar o anseio em uma amostra clínica muito maior de adultos enlutados.[2] Também em seu estudo, o anseio se mostrou mais estreitamente associado ao transtorno de luto prolongado do que à depressão. O nível de anseio não variava por sexo, raça ou causa de morte, embora aqueles que perderam um cônjuge ou um filho exibissem um anseio maior do que quem perdeu outros tipos de parentes. O anseio era um pouco menor quando havia se passado um tempo maior da perda, sugerindo que, mesmo para aqueles que procuram terapia, o anseio pode diminuir um pouco com o tempo. Com descrições específicas das nuances de como as pessoas estavam se sentindo, agora tínhamos uma melhor compreensão do que significa ansiar por nossos entes queridos.

Robinaugh também destacou que anseio se refere a sentimentos e pensamentos, e nossa experiência sentida muitas vezes é uma mescla das duas coisas. Dado o quanto o anseio é doloroso, eu me perguntei por que ele é tão insistente e por que continuamos a pensar tanto no ente querido falecido. Quero contar a você o que os cientistas descobriram sobre esses pensamentos de anseio, e aí vamos voltar ao sentimento em si.

Os pensamentos que temos enquanto ansiamos têm uma qualidade específica. Vou dar um exemplo de minha própria experiência. No fim da tarde de um domingo, eu havia terminado de fazer compras de mercado e estava olhando a geladeira, pensando no que cozinhar... e, de repente, pude ver meu pai na cozinha dele, planejando um de seus famosos jantares, com convites para outros viúvos da cidade e a promessa de frango assado e purê de batata sem fim. Outra vez, peguei o telefone e liguei para lhe contar sobre... e, aí, percebi que não iria conseguir ter aquela conversa com ele, e ele não poderia me dar sua atenção incondicional e amorosa como antes.

Várias vezes, o ente querido que morreu aparece de repente em nossa cabeça. Estamos no meio de um pensamento, e aí ele nos vem, o que nos faz ansiar por ele. Às vezes, nem sabemos qual é o gatilho. Aliás, nossa primeira consciência pode ser do sentimento de luto, sem qualquer ideia clara de onde veio. O psiquiatra Mardi Horowitz chamou isso de *pensamentos intrusivos,* e descreveu sua ocorrência em uma série de síndromes de resposta ao estresse, como após a morte de um ente querido ou outro acontecimento traumático. Ele explicou que pensamentos intrusivos são ao mesmo tempo comuns e perturbadores nas primeiras semanas e meses após o acontecimento.

Parte do que os torna tão desagradáveis é que parecem involuntários. Esses invasores nos dominam sem avisar, roubando momentos em que não estamos fazendo nada em particular, quando a mente está vagando. Embora seja reconfortante saber que pensamentos intrusivos são normais e quase sempre declinam com o tempo, novos estudos empíricos contestaram algumas de nossas suposições sobre eles.

Pensamentos intrusivos são memórias de eventos pessoais e pessoas que vêm à mente de forma repentina e espontânea, sem que estejamos pretendendo relembrar. Lembrar a perda nos lembra do quanto sentimos saudade, o que leva a uma sensação de sofrimento ou luto. Mas os pensamentos intrusivos são mais frequentes do que outros tipos de pensamentos ou só parecem ser?

Enquanto eu passava pelo luto pela morte do meu pai, consigo lembrar muitos momentos em que escolhi lembrar-me dele. Nas semanas e meses após sua morte, busquei falar frequentemente com minha irmã e os maravilhosos amigos da família que nos ajudaram a cuidar dele. Relembrávamos coisas que ele disse ou fez perto do fim da vida. Uma vez, quando sua cama estava sendo levada de um quarto do hospital para outro, a enfermeira que o estava movendo não conseguiu ver uma pequena lata de lixo no corredor e bateu nela. Meu pai levantou os olhos, sorriu e disse daquele seu jeito maroto: "Mulheres no volante!". Acho que contamos essa história umas cem vezes nos primeiros meses após a morte dele. Essa memória de seu bom humor constante ao encontrar dificuldades ainda me faz sorrir e sentir uma pontada no coração.

O fato de eu frequentemente passar tempo pensando em lembranças como essa após a morte dele questiona as crenças dos psicólogos sobre pensamentos intrusivos, porque, como eu disse, nesse caso, optei por lembrar o acontecimento. A psicóloga dinamarquesa Dorthe Berntsen perguntou às pessoas que haviam vivido recentemente um acontecimento estressante sobre seus pensamentos enquanto estavam devaneando ou deixando a mente vagar. Ela descobriu que eles tinham memórias voluntárias, como a do meu pai sendo transferido na cama do hospital, tão frequentes quanto as memórias involuntárias, como a do meu pai cozinhando em sua cozinha que me veio espontaneamente.[3] Embora as memórias involuntárias sejam mais perturbadoras, na verdade elas não são mais frequentes do que as voluntárias. Recordar lembranças de ambos os tipos é mais comum após um acontecimento estressante do que quando a vida é tranquila. As involuntárias parecem mais frequentes porque nos incomodam mais, provavelmente porque não estamos preparados para as emoções que elas trazem à tona. Assim, embora contar a história do humor do meu pai tenha trazido à tona sentimentos fortes, não foi tão perturbador porque eu escolhi trazê-la à tona e, portanto, estava preparada para o impacto emocional.

A distinção entre memórias voluntárias e involuntárias nos leva a uma diferença fundamental entre o cérebro dos humanos e o dos animais, tais como os arganazes-do-campo. Os humanos têm dois quilos extras de córtex cerebral, contudo, mais importante ainda, a maior parte está localizada nos lobos frontais entre nossa testa e nossas têmporas. A parte frontal do cérebro é exclusivamente desenvolvida em humanos e tem muitas funções, incluindo ajudar-nos a regular nossas emoções.

Lembre-se de que recuperar uma memória é como assar um bolo com muitos ingredientes diferentes localizados em múltiplas regiões do cérebro. Estamos usando áreas como o hipocampo e as regiões próximas que armazenam associações com determinada memória. O cérebro também acessa áreas visuais ou auditivas para acrescentar realismo aos nossos pensamentos, dando-nos a impressão de ver ou ouvir o que estamos imaginando. Essas áreas do cérebro são todas utilizadas quando temos uma memória voluntária ou involuntária. Para observar as diferenças entre esses dois tipos de memória, Berntsen comparou-as cuidadosamente nas pessoas que fazem um exame de IRMf. A área que foi exclusivamente utilizada durante a recuperação voluntária e controlada, ao contrário das memórias involuntárias, estava na parte externa dos lobos frontais mais próximos de nosso crânio, o córtex pré-frontal dorsolateral.[4]

A capacidade de lembrar algo intencionalmente é uma habilidade humana. Ela requer o que os neuropsicólogos chamam de "funções executivas", como um CEO organizando e dirigindo as outras partes do cérebro para realizar tarefas. De muitas maneiras, o cérebro está gerando memórias da mesma forma, sejam elas intencionais ou intrusivas. A diferença é que, para as intencionais, nosso controle executivo nos lobos frontais se envolve para nos instruir a lembrá-las.

Lembre-se por um momento de sua formatura na faculdade, ou do nascimento do seu primeiro filho, ou do dia do seu casamento. Você provavelmente pensou nesses eventos espontaneamente nas semanas, meses e até mesmo anos seguintes, mesmo quando não tinha a intenção. Essas lembranças maravilhosas provavelmente surgiram enquanto você estava fazendo algo trivial ou quando viu alguma coisa que lembrou aquele dia. Os pensamentos intrusivos surgem para acontecimentos extremamente emocionais, inclusive aqueles que são positivos — não são reservados para acontecimentos extremamente negativos. Mas, como as memórias intrusivas de acontecimentos negativos nos perturbam, ficamos preocupados com o que esses pensamentos indesejados querem dizer sobre nossa saúde mental. Na maioria das vezes, e especialmente no luto agudo, pensamentos intrusivos são apenas o que o cérebro faz naturalmente a fim de aprender com esses importantes acontecimentos emocionais.

Quando pensamos sob a perspectiva do cérebro, ele está acessando nossos pensamentos sobre nossa perda várias vezes. Faz o mesmo para acontecimentos positivos importantes. Mesmo assim, é desagradável ser pego desprevenido e ter seus pensamentos e sentimentos transformados em luto. Mas seu cérebro os está levantando para tentar entender o que aconteceu, da mesma forma que você pode compartilhar lembranças e histórias com amigos para conversar sobre a situação e obter uma compreensão mais profunda. Quando se pensa em pensamentos intrusivos dessa maneira, parece mais normal que eles aconteçam: seu cérebro está fazendo isso por uma razão. Eles parecem mais funcionais e menos um sinal de que você não está lidando bem com seu luto.

Lembrando-se de não deixar o bebê no carro

Memórias involuntárias acontecem o tempo todo. Acontecem mais se você passou por um trauma recentemente, mas elas podem vir a qualquer momento. No curso normal dos acontecimentos, seu cérebro se intromete aleatoriamente com memórias específicas, ou mesmo conjecturas sobre o futuro, sem sua permissão intencional.

Hoje, quantas vezes você pensou em seu cônjuge ou em seus filhos? Em momentos aleatórios, seus pensamentos se voltam para o dinheiro que você pretendia colocar na mochila da sua filha para ela almoçar? Você se lembra de mandar uma mensagem à sua esposa para ver como foi a reunião com o novo chefe dela? Nosso cérebro está constantemente gerando lembretes. É um órgão feito para fabricar pensamentos da maneira como o pâncreas fabrica insulina. Essas notificações *push* do cérebro se intrometem em nossa consciência sempre que nossa mente divaga, e nos ajudam a lembrar as coisas mais importantes. É assim que nos lembramos, por exemplo, de não deixar o bebê na cadeirinha do carro durante tarefas de piloto automático, como compras de mercado.

Especulo que, assim como os lembretes sobre nossos entes queridos surgem espontaneamente durante nossa vida juntos, eles também continuarão a invadir nossos pensamentos por um tempo depois que eles se forem. Durante o luto, porém, esses mesmos lembretes trazem a percepção de que eles não estão mais conosco e, quando surgem, essas dores de luto nos pegam desprevenidos. Enquanto nossa mente divaga, continuamos a receber lembretes do cérebro para ligar ou enviar mensagens aos nossos entes queridos, mas agora esses lembretes entram em conflito com a realidade. Ver tais pensamentos intrusivos da perspectiva do cérebro pode torná-los menos inquietantes. Você sempre teve pensamentos intrusivos sobre seu cônjuge, seus filhos ou seu melhor amigo. O impacto emocional deles é diferente agora que eles morreram, mas ser lembrado de entes queridos é a natureza de ter um relacionamento. Você recebe lembretes porque essas pessoas são importantes. Isso não muda de imediato porque alguém morreu. Seu cérebro tem de alcançar. Ele ainda está executando sua programação regular de envio de notificações. Você não está enlouquecendo; está só no meio de uma curva de aprendizado.

Você tem opções

Agora vamos voltar ao *sentimento* de anseio. Imagine que você seja uma jovem viúva, sentada à mesa do café da manhã sozinha, tomando café no início do dia depois que seus filhos vão para a escola, e está sentindo saudade de todas as manhãs que se sentou ali com seu marido, manhãs que nunca mais terá. Esse é um exemplo clássico de anseio. No seu cerne, anseio é querer que a pessoa esteja de volta aqui agora. O cérebro está produzindo uma representação mental, um pensamento, da pessoa que está ausente. Esse pensamento produz um sentimento de carência, um desejo de que ela esteja aqui. O pensamento e o sentimento são os componentes do anseio e, juntos, formam um estado motivacional. A motivação, no entanto, pode nos levar a fazer uma série de coisas diferentes.

Em resposta a seu anseio, uma possibilidade é que a jovem viúva jogue a xícara de café do outro lado da sala, saia batendo a porta e jure nunca mais se sentar àquela mesa outra vez. Seria um exemplo bastante dramático de evitação. A evitação pode ser comportamental, em que evitamos situações ou lembretes da pessoa amada ou da morte, ou pode ser cognitiva, em que tentamos suprimir pensamentos sobre a pessoa ou o nosso luto — ou uma combinação de ambas. Uma possibilidade diferente é se envolver ainda mais profundamente no devaneio sobre seu marido: como ele estava, como ele teria rido, como ele segurava a xícara de café de certa maneira. Pode ser reconfortante imaginá-lo ali, olhando para você. Você consegue até ouvir o que ele lhe diria agora, sentada ali, infeliz em seu luto. Será que ele se levantaria da cadeira e a abraçaria? Será que lhe diria para se levantar e se mexer, que o dia não vai esperar?

Uma terceira possibilidade é que você retorne mentalmente à noite em que ele morreu, revisando os detalhes excruciantes como já fez tantas vezes antes. Naquela noite, você o levou ao hospital porque ele havia reclamado a noite toda de dores no peito, e de repente você percebeu que ele estava cinzento e suado. Por que você não considerou que poderia ser um ataque cardíaco, por que acreditou quando ele disse que era azia do jantar? Por que você não insistiu em levá-lo mais cedo? Por que ele continuou fumando, mesmo depois que o médico disse que isso aumentaria as chances de doenças cardíacas? Por que você não o confrontou? Ele talvez não tivesse morrido se você tivesse sido mais insistente, se tivesse agido mais cedo.

No exemplo do devaneio como resposta ao anseio, seu cérebro está orquestrando uma simulação experimental, uma realidade virtual de como as coisas poderiam ser agora em contraste com como elas realmente são, com você sentada ali sozinha. Ao gerar os "e se" em resposta ao anseio, seu cérebro está imaginando acontecimentos que poderiam ter sido muito diferentes do que realmente foram. A realidade alternativa que seu cérebro sonha vividamente, na qual ele não morreu, mas está aqui com você, é desfavoravelmente contrastada com o momento presente na vida real. No luto agudo, essas reações de "e se" às dores de luto são comuns e completamente normais.

É claro que há muitas outras reações possíveis, como ligar para um amigo naquela manhã solitária ou sair para correr para se distrair. Na verdade, o modelo do processo dual esclarece que a passagem saudável pelo luto inclui muitas reações diferentes, apropriadas em situações diferentes, em momentos diferentes e para alcançar objetivos diferentes. Se você tem de ir trabalhar, talvez jogar a xícara do outro lado da sala a fim de quebrar seu devaneio e conseguir sair de casa não seja a pior coisa do mundo. Seria um exemplo de oscilação do enfrentamento orientado para a perda a uma experiência de vida cotidiana. Ligar para um amigo em busca de apoio e aprofundar esse relacionamento com alguém em quem você confia e que gosta de você poderia representar uma oscilação do enfrentamento orientado para a perda ao enfrentamento orientado para a restauração. Isso refletiria a maior importância desse amigo em sua vida agora e no futuro. Ruminar sobre o dia da morte do seu marido pode ser visto como um exemplo de como explorar a capacidade de lidar com as perdas, permitindo que a realidade do que aconteceu naquele dia se infiltre cada vez mais profundamente em seus bancos de conhecimento. O importante é o benefício de ter muitas maneiras de responder aos anseios que se ajustem à situação e vão na direção de seus objetivos, tanto naquele momento como no cenário mais longo de adaptação.

Flexibilidade

Em um estudo das expressões faciais dos enlutados, os cientistas descobriram que as pessoas mostram uma ampla gama de emoções quando falam de seu relacionamento com seus entes queridos falecidos. Após entrevistas em vídeo com participantes enlutados, os pesquisadores analisaram seus movimentos musculares faciais, encontrando medo, tristeza, repugnância, desprezo e raiva.[5] Emoções positivas também eram bastante comuns: 60% expressaram prazer em algum momento, o que incluía as rugas ao redor dos olhos que significam um sorriso "verdadeiro", e 55% expressaram divertimento. Eram movimentos musculares faciais fugazes, de modo que a pessoa enlutada não necessariamente registrava experimentar todos esses sentimentos nos cinco minutos em que estava sendo filmada. Para evitar interpretações das expressões faciais baseadas nas expectativas do espectador, a pessoa que codificou os movimentos faciais não sabia que o participante estava passando pelo luto.

A frequência e a intensidade dos sentimentos das pessoas normalmente aumentam depois de uma perda, como se girássemos o botão de volume. Não é raro ouvir pessoas que estão passando pelo luto dizerem que nunca se sentiram tão mal ou que não sabiam que podiam se sentir assim. Tal intensidade emocional nos obriga a lidar com essas novas experiências. Regular as emoções se torna uma parte necessária da vida diária. Psicólogos, amigos e familiares muitas vezes têm opiniões fortes sobre as melhores maneiras de lidar com a situação. Confrontar as próprias emoções a fim de compreendê-las tem sido considerado uma boa estratégia para lidar com elas. Por outro lado, é considerado ruim suprimir os sentimentos, assim como evitar pensamentos que despertem emoções. As pesquisas mais recentes sugerem que o assunto não é tão simples assim, no entanto.

O preditor mais confiável de boa saúde mental é ter um grande conjunto de estratégias para lidar com as emoções e implementar a estratégia certa no momento certo. Pode ser cansativo ter uma intensidade emocional tão alta no período inicial de luto. Há boas razões para ignorar nosso luto em parte do tempo, a fim de dar uma pausa ao cérebro e ao corpo, ou mesmo para dar um descanso àqueles ao nosso redor que sentem o contágio emocional. A distração e a negação têm sua utilidade.

Em vez de perguntar quais são as melhores estratégias, o mais apropriado talvez seja questionar se o uso de determinada estratégia é contraproducente em um determinado momento ou em uma situação específica.

Para aqueles de nós que sofrem de luto complicado, pode ser mais desafiador moderar a expressão de nossos sentimentos do que para quem está se adaptando com mais resiliência. Moderação pode significar ampliar ou amortecer nossos sentimentos. Isso quer dizer que às vezes é mais difícil para nós nos concentrarmos realmente em nossos sentimentos para entender melhor o que está acontecendo ou para nos acalmarmos. Em última análise, isso nos leva a ser mais flexíveis. Quando não lidamos com nossos sentimentos de forma flexível, podemos começar a nos sentir entorpecidos ou incapazes de descrever nossos sentimentos mais verdadeiros, e esses humores dificultam nossa capacidade de nos conectarmos com aqueles ao nosso redor: se você estiver entorpecido ou não conseguir expressar sua profunda tristeza, é menos provável que receba o apoio e o conforto de que precisa.

Se nunca permitirmos que os sentimentos de luto venham à tona e não conseguirmos contemplá-los, ou aceitá-los, ou compartilhá-los, eles poderão continuar a nos atormentar. Cada indivíduo é diferente, e não há regras que todo mundo possa usar para se adaptar durante a passagem pelo luto. Mas a flexibilidade em nossa abordagem e a abertura para lidar com os sentimentos à medida que eles surgem nos dão a melhor oportunidade de regular nossas emoções de uma forma que nos permita viver uma vida vibrante e significativa.

Imagine que você conheça quatro pessoas enlutadas. Uma escolhe ir a uma festa com amigos e outra decide ficar em casa para assistir a um filme favorito. Uma terceira pessoa passa algum tempo com a família contando histórias sobre a pessoa amada que morreu, e uma quarta escreve em um diário sobre seu luto. Qual dessas quatro pessoas você estaria mais interessado em conhecer e qual delas acha que é a mais parecida com você? O quanto você acha que cada atividade é apropriada e como acredita que a pessoa enlutada se sentiria depois?

Essas perguntas foram parte de um estudo feito por Melissa Soenke, uma psicóloga social da Universidade Estadual da Califórnia Channel Islands, e Jeff Greenberg, um psicólogo social da Universidade do Arizona. Se gostou mais das duas últimas pessoas e achou as atividades que elas escolheram mais apropriadas e eficazes, você é como a maioria que participou do estudo. As duas últimas atividades, que envolvem lidar com emoções negativas em reação à morte de um ente querido, são frequentemente chamadas de *trabalho de luto*. No mundo ocidental, elas são tipicamente consideradas as formas mais apropriadas e eficazes de lidar com o luto. Ironicamente, o envolvimento em atividades que costumam suscitar emoções positivas, como ir a uma festa ou assistir a alguma forma de entretenimento, é na verdade mais eficaz para reduzir a tristeza e o luto.

"Destruir" emoções negativas com emoções positivas funciona porque estas mudam os estados cognitivos e fisiológicos. As emoções positivas ampliam a atenção das pessoas, incentivam o pensamento criativo e expandem o kit de ferramentas para lidar com as situações. Os psicólogos Barbara Fredrickson e Eric Garland descrevem isso como a espiral ascendente desencadeada por sentimentos positivos. Em uma segunda parte do estudo de Soenke e Greenberg, os participantes enlutados escreveram sobre sua perda e depois assistiram a um clipe engraçado de uma série de televisão, fizeram um caça-palavras ou assistiram a uma cena triste de um filme popular. Depois de terminar a atividade, os participantes classificaram suas emoções em felizes, tristes e relacionadas à culpa. Essas classificações foram comparadas com suas classificações no início do experimento. De acordo com os dados de Fredrickson e outros, assistir ao clipe engraçado diminuiu os sentimentos de tristeza associados à lembrança de um acontecimento triste, enquanto atividades neutras e tristes não o fizeram. Embora o envolvimento em atividades que normalmente elevam nosso estado de espírito seja eficaz, as pessoas enlutadas muitas vezes relutam em se envolver nelas.

Há pelo menos duas razões pelas quais em geral não escolhemos atividades que melhoram o humor quando estamos passando pelo luto. Primeiro, fazer coisas divertidas não é considerado a maneira "certa" de agir, então nos preocupamos com o que as outras pessoas vão pensar sobre nossa escolha. Segundo, antecipamos que fazer algo agradável após uma experiência triste nos fará sentir culpa. Quando violamos normas ou expectativas sociais, a culpa é uma reação comum. Entretanto, mesmo que as pessoas tenham previsto que se sentiriam culpadas fazendo algo divertido, ninguém no estudo se sentiu assim depois de assistir ao clipe engraçado. Mas a antecipação da culpa pode impedir que as pessoas se envolvam em atividades divertidas. Outras pesquisas apoiam essa conclusão de que os seres humanos são péssimos em prever como se sentirão em situações futuras.[6]

Não estou sugerindo que, quando perdemos um ente querido, devemos ir de festa em festa para nos sentirmos felizes em vez de tristes. A flexibilidade, como mencionei antes, é benéfica, como contemplar o que aconteceu, sentir a gravidade da nossa situação, expressar nossa raiva ou tristeza, tentar entender como nossa história de vida mudou, e muito mais. Mas agora sabemos que atividades que melhoram o humor são benéficas por si só, então podemos nos permitir fazer algo divertido e até mesmo encorajar nossos amigos e entes queridos enlutados a isso. No mínimo, é mais uma opção para nosso kit de ferramentas.

Cuidando dos enlutados

Se está cuidando de alguém que está passando pelo luto, a flexibilidade emocional também é importante para você. O desafio para aqueles de nós que amamos uma pessoa enlutada é aceitar a realidade de que alguém de quem gostamos está sofrendo. O desafio para a pessoa é aceitar a realidade de que seu ente querido morreu. É doloroso de presenciar, mas o luto faz parte da vida. É um momento em que seu querido amigo, cônjuge ou irmão deve enfrentar a dolorosa realidade da mortalidade. Por analogia, se vemos uma criança que caiu e ralou o joelho, corremos até lá, pegamos a criança no colo e damos um beijo, tranquilizando-a que seu joelho vai sarar, pois sabemos que o ardor vai acabar passando. Ou olhamos para ela e sorrimos, reconhecendo que ela caiu feio, e a encorajamos a se levantar e continuar brincando. Ter compaixão por quem está sofrendo também pode incluir consolá-los ou encorajá-los, reagindo ao momento com flexibilidade.

Se você escutar seu amigo enlutado e o apoiar com o objetivo de acabar com o luto dele, só vai ficar frustrado ao ver que ele continua enlutado apesar do seu carinho. É claro que há uma diferença em ter compaixão por um acontecimento que é breve e acaba rápido, como um joelho ralado, e por um processo de luto, que leva muitas semanas, meses e até anos. Ainda é vital dar apoio, amor e carinho, mas não porque isso tirará a dor. É vital porque, ao testemunhar, compartilhar e ouvir sua dor, a pessoa se sente amada e nós sentimos que somos capazes de amar. A qualquer momento, porém, talvez ainda tenhamos de decidir se é mais sábio abraçá-la enquanto ela chora ou encorajá-la a se levantar e continuar brincando, porque abordagens flexíveis para sentimentos fortes são as mais úteis.

É nosso desafio, como amigos dos que estão de luto, continuar oferecendo amor enquanto também encontramos apoio para nós mesmos na nossa comunidade mais ampla. Isso é importante porque cuidar de alguém que está em sofrimento é estressante de várias maneiras. Você pode se sentir culpado por não estar tomado pelo luto e se perguntar por que essa coisa terrível está acontecendo com seu amigo, e não com você. Ou você também pode estar passando pelo luto, e seu ente querido enlutado pode não ser capaz de apoiá-lo agora. Pode parecer injusto que ele esteja recebendo toda a atenção, e podemos ter vontade de dizer: "Mas eu também estou de luto!" mais do que queremos oferecer carinho naquele momento. Com paciência, podemos separar dar a um amigo que está passando pelo luto o que ele precisa em termos de atenção e amor e, ao mesmo tempo, também pedir o que precisamos para aliviar nossas próprias mágoas.

Anseio, raiva, descrença e humor depressivo diminuem com o tempo após a morte de um ente querido.[7] Esses sentimentos não seguem etapas, e as pessoas ainda os experimentam anos após a perda. Mas sua frequência diminui à medida que a frequência da aceitação aumenta. A aceitação pode vir de aprender que uma nova realidade está aqui para ficar e que somos capazes de lidar com ela.

Aquilo em que passamos tempo pensando é importante. A forma como reagimos ao que estamos pensando e ao que sentimos é importante. A forma como lidamos com o que nossa mente faz a cada momento pode ajudar. Esses insights me lembram da Oração da Serenidade. Inerente a esse pedido de ajuda está o reconhecimento de que temos de lidar de forma flexível com as provações que enfrentamos: *Deus, conceda-me a serenidade para aceitar as coisas que não posso mudar, a coragem para mudar aquelas que posso e a sabedoria para discernir uma da outra.*

Não podemos mudar a mortalidade. Não podemos mudar o sofrimento que acompanha a perda. Não podemos mudar os pensamentos intrusivos e as ondas de luto. Mas, se tivermos muita coragem, poderemos aprender a reagir a essas circunstâncias indiscutíveis com mais habilidade e compreensão mais profunda. O desafio é, naturalmente, a sabedoria para discernir uma coisa da outra, aprendendo quando pausar e refletir e quando avançar. Os misteriosos e esmagadores sentimentos de luto exigem sabedoria, mas a sabedoria é adquirida por meio da experiência. Voltamo-nos para nossos entes queridos em busca da sabedoria que eles podem nos dar. Podemos recorrer a nossos valores espirituais ou morais para nos guiar. Finalmente, esperamos que nosso próprio cérebro desenvolva a sabedoria para discernir o melhor caminho que vem com o aprendizado de cada novo dia de experiência.

PARTE II

A RESTAURAÇÃO DO PASSADO, PRESENTE E FUTURO

8
Passando tempo no passado

No filme *Sem medo de viver*, de 1993, Jeff Bridges e Rosie Perez fazem o papel de estranhos que sobrevivem a um acidente de avião. A vida dos dois desmorona enquanto eles tentam entender o significado de ter sobrevivido. Uma noite, sentados no carro dele, Perez revela que acredita ter matado o filho criança porque o soltou durante a queda. Bridges reage inicialmente com total frustração. Quando ela cai em prantos, soluçando e rezando à Virgem Maria em busca de perdão, Bridges fica assoberbado com como deve ser acreditar no que ela acredita, sentir-se a assassina do filho que lhe foi confiado para proteger. Ele sai do carro e, sem intenções claras, diz para Perez se sentar no banco de trás e prende o cinto de segurança dela. Do porta-malas, pega uma caixa de ferramentas retangular enferrujada e coloca nos braços de Perez, mandando-a segurar firme e dizendo que é seu bebê. No que talvez seja uma tentativa de suicídio, Bridges se senta ao volante e dirige por um beco vazio na direção de um muro de concreto, com o velocímetro subindo. Ele diz a Perez que é sua chance de segurar firme, salvar o bebê. Completamente imersa na cena que lembra a queda do avião, ela beija a caixa de ferramentas. O carro em alta velocidade bate no muro, e a caixa de ferramentas laranja enferrujada voa como um foguete pelo para-brisas do carro até o muro de concreto, seu aço ficando amassado. Para Perez, fica imediata e palpavelmente claro que não tinha como ela segurar o bebê, não havia forma de salvá-lo. Com essa imersão, ela percebe o que de fato acontece e a diferença entre a realidade e sua crença sobre o ocorrido.

Psicólogos chamam nossos pensamentos sobre o que poderia ter acontecido de *pensamentos contrafactuais*. O pensamento contrafactual muitas vezes envolve nosso papel real ou imaginado em contribuir para a morte ou o sofrimento de quem amamos. São os milhões de "e se" que passam por nossa mente: *Se eu tivesse feito isso, ele não teria morrido. Se eu não tivesse feito aquilo, ele não teria morrido. Se o médico tivesse feito isso, se o trem não estivesse atrasado, se ele não tivesse tomado aquele último drinque...* O número de pensamentos contrafactuais possíveis é infinito. Essa natureza infinita nos dá pensamentos infindáveis para focar, considerar e reconsiderar, revirando a cena em nossa mente.

A ironia é que esse tipo de pensamento, criando a miríade de situações que poderiam ter acontecido, é ao mesmo tempo ilógico e inútil para nos adaptarmos ao que de fato aconteceu. Nosso cérebro, porém, talvez tenha seus motivos. Alguns diriam que o motivo é tentar descobrir como evitar mortes no futuro, mas pode ser que seja mais simples do que isso. Nosso cérebro, focando constantemente o número ilimitado de alternativas à realidade, fica anestesiado ou distraído da realidade dolorosa de que a pessoa não vai mais voltar. Mesmo quando o pensamento contrafactual envolve a dolorosa experiência de culpa ou vergonha, como acreditar que matamos nosso próprio bebê, nossa mente parece preferir isso à verdade aterrorizante e angustiante de que a pessoa que amamos já não está mais aqui. Ou ponderar esses pensamentos contrafactuais pode se tornar um hábito, uma reação automática a pontadas de luto. Embora estejamos trocando a dor do luto por uma culpa igualmente dolorosa, pelo menos a culpa quer dizer que tínhamos algum controle da situação. Acreditar que tínhamos controle, embora tenhamos fracassado ao usá-lo, quer dizer que o mundo não é totalmente imprevisível. Parece melhor ter resultados ruins em um mundo previsível em que fracassamos do que ter resultados ruins sem qualquer razão discernível.

A natureza ilógica do pensamento contrafactual pode ser demonstrada como uma prova geométrica. Seres humanos cometem um erro comum nas afirmações do tipo "se... então". A porção "se" é chamada de antecedente; a porção "então" é chamada de consequente. Especialistas em lógica usam diagramas de árvore, como o que virá a seguir, para descobrir onde está o erro de lógica. No exemplo da jovem viúva do capítulo 7, ela sabe que o marido morreu e sabe que foram ao hospital no meio da noite. Inconscientemente, fica tentada a acreditar que, como um antecedente (foi ao hospital) está associado a um resultado (ele morreu), o outro antecedente (ir ao hospital mais cedo) deve estar associado ao outro resultado (ele não morreria). Mas essa lógica tentadora não torna a afirmação real. Não é necessariamente verdade que, se eles tivessem chegado mais cedo ao hospital, ele não teria morrido. Claro, é uma possibilidade, mas também é possível que ele tivesse morrido apesar de chegar lá mais cedo. Podemos considerar infinitamente o que *poderia* ser verdade no mundo contrafactual em que queríamos estar vivendo.

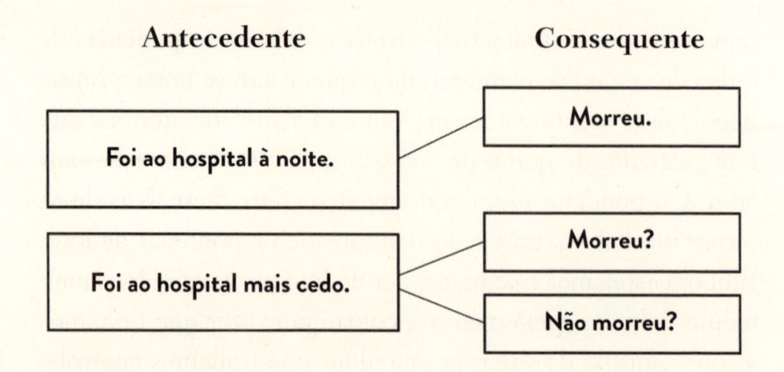

Algumas pessoas podem achar que só um androide como Data, de *Jornada nas estrelas*, pensaria na morte de um ente querido nesses termos. Uma vez, eu estava conversando sobre pensamento contrafactual com um médico que trabalhou com muitos pacientes com transtorno do luto prolongado. Ele concordou que pode ser útil contestar as crenças que levam a pessoa a sentir uma culpa extrema. Também disse que ficou surpreso, porém, ao ver que revisitar a morte durante terapia de exposição, no contexto de uma relação terapêutica e sem contestar o pensamento contrafactual, muitas vezes permite que o raciocínio de "se ao menos" simplesmente se apague. Não é preciso explicar a lógica. Desenvolver a capacidade de tolerar os sentimentos fortes de luto, impotência ou solidão existencial suscitados pela memória da morte, ou pela percepção de que a pessoa amada realmente se foi, tornou os "e se" constantes desnecessários.

Ruminação

Para alguns de nós, uma mente divagante recai na preocupação ou na ruminação. Nesses estados, também estamos imaginando uma realidade alternativa, de um modo similar a criar os "e se" durante o pensamento contrafactual. A ruminação foca coisas que aconteceram no passado, como ruminar algo que fizemos errado ou a forma como alguém nos tratou. A preocupação foca acontecimentos do futuro, nossos pensamentos ansiosos sobre os piores cenários. O processo desses pensamentos tende a ser repetitivo, passivo e negativo. A psicóloga Susan Nolen-Hoeksema definiu o termo *ruminação* como uma forma de lidar com o se sentir mal, estreitando sua atenção para os sentimentos negativos numa tentativa de compreendê-los. Nolen-Hoeksema conseguiu prever quem estava ou ficaria deprimido identificando as pessoas que passavam mais tempo ruminando.

No último capítulo, falei que recuperar memórias da perda e compreender nossos sentimentos de luto era útil, e agora pareço estar contradizendo isso falando que esses pensamentos causam depressão. Bom, a verdade é que psicólogos ainda não têm todas as respostas para quando (ou o quanto) processar pensamentos de luto é útil e quando não é. Pesquisadores estão lutando ativamente com o paradoxo de que não é possível aprender sobre o que aconteceu e, portanto, por que você sente um luto terrível, sem se concentrar em si mesmo, em seus sentimentos de tristeza e raiva. Não é possível entender por completo o que aconteceu sem permitir que sua mente divague pelo território da ruminação. Ao mesmo tempo, esses pensamentos ruminantes podem desenvolver vida própria, e, quando pessoas que estão passando pelo luto insistem nessa repetição, tendem a desenvolver luto complicado ou depressão. Embora não tenhamos ainda todas as respostas, alguns caminhos pelo paradoxo estão ficando mais claros.

A ruminação pode ser dividida em dois aspectos, que Nolen-Hoeksema chamou de *reflexão* e *cisma*. Um exemplo de reflexão é anotar o que você está pensando, talvez por vários dias seguidos, e analisar seus pensamentos. A reflexão é uma volta intencional para dentro de si, engajando-se na solução de problemas a fim de aliviar seus sentimentos. Por outro lado, a cisma reflete um estado passivo. Trata-se de se ver pensando em seu estado de ânimo mesmo que você não tenha se proposto a isso e persistir nesses pensamentos mesmo quando você tenta parar de pensar. A cisma é pensar passivamente em por que você se sente mal ou comparar sua situação atual com como você acha que as coisas deveriam ser.

Nolen-Hoeksema estudou a relação entre a depressão, a cisma e a reflexão, pedindo às pessoas que relatassem seu estilo de pensar e sintomas de depressão.[1] As pessoas desse estudo foram entrevistadas duas vezes, com cerca de um ano de intervalo. O aspecto de reflexão da ruminação foi correlacionado ao fato de ter depressão no momento da entrevista. Mas a reflexão no primeiro momento foi associada a menos depressão no segundo momento. Por outro lado, a cisma estava associada a mais depressão tanto concomitantemente como no momento posterior. O notável é que as mulheres tendem a ruminar mais do que os homens e também têm níveis mais altos de depressão. As mulheres pontuaram mais do que os homens tanto na reflexão como na cisma, sugerindo que são mais contemplativas de modo geral. No entanto, apenas a cisma foi associada a maiores níveis de depressão nas mulheres. Portanto, a cisma é um elo entre o gênero e a depressão.

Penso nessa sutil distinção entre cisma e reflexão como uma ênfase em se uma pessoa está buscando ou resolvendo. Buscar uma resposta pode preceder a resolução de um problema, mas sentir-se melhor geralmente requer chegar à parte da resolução. Muitas vezes, sentimo-nos melhor ao encontrar uma solução para testar, mesmo que a solução planejada não conserte completamente as coisas. Sentir-se melhor requer, em algum momento, parar de buscar, ou ruminar, ou se preocupar. No entanto, às vezes até mesmo a resolução de problemas pode atraí-lo de volta para um ciclo de pensamento repetitivo e prolongar seu humor triste ou ansioso, a menos que você tenha uma enorme capacidade de monitorar continuamente seus pensamentos e mudar de rumo conforme necessário. Parece uma tarefa para um mestre zen! Entretanto, somos capazes de fortalecer a habilidade de direcionar nossa atenção para nossos pensamentos e escolher se eles são úteis ou não. Essa habilidade é frequentemente o foco da terapia cognitivo-comportamental (TCC). Mas ela não vem facilmente para a maioria de nós, em especial após uma morte, quando as fortes emoções do luto são predominantes.

Ruminação ligada ao luto

Depois que minha mãe morreu, ruminei muito. Na verdade, eu ruminava também antes de minha mãe morrer, mas, depois de sua morte, sentir tristeza me deu muitas oportunidades de me concentrar no meu humor. Meus pensamentos giravam em torno do porquê de eu me sentir para baixo. Eu me perguntava se era propensa à depressão porque ela também era. Ou se eu teria me tornado diferente caso ela não tivesse tido depressão enquanto eu era criança. Ela precisava de mim para ajudá-la a controlar seu humor, e eu sempre tive medo de não conseguir ajudá-la a se sentir melhor. Aprendi que eu tinha mais sucesso em fazer isso, pelo menos momentaneamente, quando falava o que ela precisava ouvir ou fazia o que ela queria que eu fizesse. Isso muitas vezes significava que eu tinha de ignorar o que eu pensava ou aquilo de que eu precisava. O padrão de acreditar que eu deveria ajudá-la a se sentir melhor a qualquer custo se tornou um sulco bem desgastado. Após sua morte, eu repeti o padrão: esforcei-me para ajudar outras pessoas em minha vida a se sentirem melhor, enquanto continuava a ignorar meus próprios sentimentos. Havia infinitas possibilidades para que eu me sentisse mal, e eu examinava cuidadosamente cada uma delas, prolongando o estado em que estava. Provavelmente não ajudou estar em um programa de pós-graduação em psicologia clínica, treinando para examinar o estado de espírito das pessoas e as causas de seus sentimentos. Felizmente, também aprendi muitos métodos e habilidades de resolução de problemas para melhorar o humor, portanto não sucumbi à ruminação o tempo todo.

A mente rumina quando não consegue resolver a discrepância entre seu estado atual, por exemplo, estar triste, e seu estado desejado, por exemplo, estar feliz ou contente. Durante o luto, a fonte de seu estado de ânimo horrível é menos ambígua. Quando você sente o forte anseio que acompanha o luto para muitas pessoas, a causa parece óbvia. Um ente querido acaba de morrer, e a ruminação relacionada ao luto se concentra especificamente nas causas e consequências da morte. Em contraste, durante a depressão, como eu tive depois que minha mãe morreu, a ruminação pode ser sobre qualquer coisa. Para pessoas em luto agudo, a ruminação relacionada ao luto concentra-se especificamente na morte do ente querido ou no efeito que a morte teve sobre a pessoa. A morte de um ente querido se intromete em nossos pensamentos, como já vimos, e a tendência à ruminação prolonga o tempo em que nossos pensamentos permanecem sobre esse tópico. A ruminação prevê a depressão, e a ruminação relacionada ao luto prevê o luto complicado. As pessoas que tinham depressão antes de uma morte muitas vezes continuam deprimidas depois, como vimos nas trajetórias de passagem pelo luto de Bonanno. Outras pessoas podem não ter sido ruminantes ou deprimidas antes, mas a morte inicia o processo de pensamento repetitivo. Os psicólogos hoje acreditam que ser incapaz de parar essas ruminações relacionadas ao luto pode ser uma das complicações que atrapalham a típica adaptação durante a passagem pelo luto.

As ruminações relacionadas ao luto tendem a se centrar em alguns tópicos, como evidenciado por Stroebe, Schut e seus colegas, os psicólogos holandeses Paul Boelen e Maarten Eisma.[2] Os cinco tópicos incluem (1) as reações emocionais negativas à perda (*reações*), (2) a injustiça da morte (*injustiça*), (3) o significado e as consequências da perda (*significado*), (4) as reações dos outros ao luto (*relacionamentos*) e (5) os pensamentos contrafactuais sobre os acontecimentos que levaram à morte (*e se*).

Vejamos alguns exemplos. Muitas vezes, as pessoas se preocupam com suas próprias reações à morte de um ente querido, tentando entender o alcance e a intensidade de seus sentimentos e se essas reações são normais. Os pensamentos sobre a *injustiça* da morte incluem o sentimento de que o ente querido não deveria ter morrido e a pergunta: por que isso aconteceu com você, e não com outra pessoa? Focar no *significado* da morte inclui pensamentos sobre quais são as consequências da morte para você ou como sua vida mudou desde a perda. Os *relacionamentos* com amigos e familiares são frequentemente afetados pelo luto e pela perda, e essas ruminações giram em torno de se eles estão dando o apoio certo ou o apoio que você deseja. Os *e se* são os pensamentos contrafactuais abordados no início deste capítulo.

Estudos de britânicos, holandeses e chineses enlutados mostram que todos relatam ruminar sobre esses tópicos. Quanto mais frequentemente eles ruminam, mais intensos são seus sintomas de luto. No entanto, nem todos os tópicos são igualmente problemáticos. Nas pesquisas sobre ruminação relacionada ao luto, o primeiro tópico (ruminar sobre as reações emocionais negativas da pessoa à perda, ou *reação*) levou a menos luto no momento e ao longo do tempo, pelo menos em um estudo. Por outro lado, ruminar sobre como os outros estão reagindo ao seu luto (*relacionamentos*) e sobre a *injustiça* foi associado a mais luto no momento e previu mais luto seis meses depois.[3]

Todos esses tópicos de ruminação são na verdade perguntas que não podem ser respondidas, e é por isso que eles podem persistir indefinidamente. Não há resposta para se a morte foi injusta, porque há muitas facetas de injustiça. Não há resposta para todas as formas como a morte roubou o significado ou a alegria de sua vida, porque perder um ente querido traz um número infinito de mudanças. O problema sorrateiro da ruminação é que, enquanto se está ruminando, parece que se está buscando a verdade do assunto. A questão é que os pensamentos estão prolongando nosso humor triste ou irritável, não se eles são verdadeiros.

Imagine uma família atingida pelo trágico suicídio de um filho. Nora se sente devastada pela perda do irmão. Além de sua dor, ela se sente ainda pior porque há um desencontro entre o comportamento de sua família e o que ela precisa. Ela quer que seus familiares reconheçam a dor em que o garoto se encontrava e que o levou a essa decisão desesperada. Ela quer que eles reconheçam como essa dor é especialmente dura para ela, mais próxima em idade, inseparável dele na infância. Sua mãe se recusa a falar dele, e seus primos parecem estranhos e desconfortáveis ao seu redor. Se a reação da família deveria ou não ser mais aberta, mais acolhedora e compreensiva em relação ao luto de Nora não é o cerne da questão. O cerne da questão é que Nora se sente presa em um fluxo interminável de pensamentos, irresolúvel e sem nenhum benefício para ela. Ruminar, por si só, não vai melhorar a situação. Ela pode precisar entrar no modo de resolução de problemas, por exemplo, conversando com os primos sobre o que ela acharia útil durante esse momento difícil, ou passar menos tempo com a mãe e encontrar amigos com os quais possa conversar mais abertamente. O truque não é determinar se os pensamentos são verdadeiros, mas sim se eles são úteis.

Por que ruminamos?

Se estamos ruminando para descobrir o que aconteceu e por que nos sentimos tão mal, e mesmo assim ruminar não nos ajuda de verdade a nos adaptarmos no longo prazo, por que raios fazemos isso? A resposta pode estar no que *não* estamos fazendo enquanto estamos engajando todos os nossos recursos cognitivos na ruminação. Às vezes, a motivação subconsciente para nos envolvermos em uma atividade é que ela nos permite evitar fazer outras coisas, muitas vezes porque é mais gostoso. Para investigar a motivação para ruminar, podemos perguntar: como nos sentiríamos se não estivéssemos ruminando? Estamos nos engajando na ruminação porque ela parece melhor do que o que estaríamos fazendo no lugar disso?

A maioria de nós não gosta da experiência de ser dominado pelo luto. Nós nos sentimos meio sem controle; podemos acreditar que, se nos permitirmos desmoronar, jamais voltaremos a encaixar as peças. É doloroso, avassalador. Stroebe e seus colegas formularam uma hipótese notável: deixar nossos pensamentos passarem pela mente várias e várias vezes pode ser uma maneira de nos distrairmos dos dolorosos sentimentos de luto. Pensar sobre a perda e as consequências dela pode ser, na verdade, uma maneira de evitar *sentir* a perda. Ela e seus colegas chamaram de hipótese de *ruminação como evitação*.[4] Pode parecer, de início, bastante rebuscado, mas felizmente essa cuidadosa equipe de pesquisa fez estudos empíricos para investigar. Vou contar como.

Quando algo é muito difícil de medir, os cientistas desenvolvem técnicas especiais — essa foi a base para o microscópio e o telescópio. A evitação é algo difícil de se medir. Embora possamos perguntar às pessoas quanto tempo elas passam ruminando ou sobre o que ruminam, não faz sentido perguntar diretamente sobre a evitação. Se a motivação do cérebro para evitar é não notar o que se está sentindo, então o próprio processo de evitação provavelmente também não seria notado. Técnicas especiais de medição em laboratório, entretanto, permitem aos psicólogos estudar reações automáticas, rápidas demais para serem deliberadas. São decisões tomadas pelo cérebro com muita agilidade. Um método utiliza o tempo de reação, e o outro, o rastreamento ocular — reações que acontecem de forma quase tão rápida quanto um batimento cardíaco.

A fim de testar a hipótese da ruminação como evitação, Stroebe e seus colegas convidaram pessoas enlutadas a comparecer ao laboratório e participar dessas medições de evitação. Eles imaginaram que usar a imagem e as palavras compostas de nosso estudo de neuroimagem também funcionaria para eles. Esse grupo de psicólogos holandeses, Eisma, Stroebe e Schut, entrou em contato comigo, e expliquei como criar as montagens que formam quatro categorias: fotos do falecido e fotos de um estranho, cada uma combinada com palavras relacionadas ao luto ou palavras neutras. Para medir o tempo de reação, eles pediram aos participantes enlutados para empurrar ou puxar um joystick que fazia a foto/palavra aumentar ou diminuir de tamanho na tela, fazendo parecer que estava se afastando ou se aproximando deles. As pequenas diferenças no tempo que eles levaram para empurrar ou puxar podem ser medidas em milissegundos. A evitação automática de nosso cérebro nos faz afastar uma foto alguns milissegundos mais rápido do que o necessário para puxá-la em nossa direção. Além dessa tarefa laboratorial, os participantes do estudo também relataram a frequência com que ruminavam sobre tópicos relacionados ao luto. Os pesquisadores descobriram que as pessoas enlutadas que ruminavam mais afastaram a imagem da pessoa falecida/palavra de luto mais rapidamente do que as pessoas enlutadas que ruminavam menos, e mais rapidamente do que faziam com as categorias de fotos de estranhos e palavras neutras.[5] Esses resultados sugerem que mais tempo gasto ruminando está associado a uma maior evitação automática do luto.

Em uma tarefa diferente, os mesmos participantes enlutados olharam para as fotos em uma tela enquanto um rastreador de olhos media os mínimos movimentos de seus olhos, de modo a determinar para onde estavam olhando. Os olhos são, literalmente, uma extensão dos neurônios do cérebro, uma janela para onde a atenção do cérebro está focalizada. Nesse estudo, duas imagens apareciam lado a lado. Aqueles que relataram ruminar mais passaram menos tempo olhando para a imagem da pessoa falecida/palavra de luto do que para a imagem do outro lado da tela.[6] A engenhosidade desses estudos é que os cientistas não seriam capazes de descobrir com precisão no que uma pessoa foca sua atenção visual apenas perguntando. Mas os dados mostram claramente que altos níveis de ruminação estão associados ao cérebro evitando lembretes da perda, seja empurrando a imagem ou desviando o olhar. Mesmo que as pessoas ruminem sobre outros aspectos da causa e das consequências de sua perda, elas evitam essas montagens ousadas e francas que as lembram da morte de seu ente querido.

Talvez você já tenha experimentado a ruminação como evitação sem reconhecê-la como tal. Você já teve uma amiga que lhe contou a história de sua perda exatamente da mesma maneira todas as vezes? Ela descreve o que aconteceu e lhe conta como foi horrível. Mas você talvez sinta que há uma desconexão entre ela lhe dizer que foi horrível e o fato de que ela não parece se sentir mal no momento em que conta. Ela talvez continue com muitos detalhes — e esse nível de detalhe é o processo de ruminação, um processo cognitivo. Às vezes, contar a história dessa maneira cerebral e ruminante nos permite evitar sentir o que aconteceu quando nosso ente querido — morreu — a ruminação como evitação. O problema é que contar a história repetidamente dessa maneira não é o mesmo que descobrir o que significa a perda. Descobrir o que a perda dessa pessoa significa para nós, por outro lado, e aprender a encontrar uma maneira de viver sem ela criaria sentimentos fortes, mas também nos ajudaria a processar o luto e a encaixar essa perda em nossa vida, que continua.

Desse modo, a ruminação é um processo de evitação, embora não intencional. O retorno repetido a aspectos da perda ou do luto que não podem ser mudados não nos ajuda a aprender a tolerar a dolorosa realidade no longo prazo. Conheci pessoas que me disseram que, quando pararam de tentar evitar o luto, ele não foi tão difícil de tolerar quanto o esforço necessário para evitá-lo.

Como muitas vezes acontece em nosso atual entendimento científico de como o cérebro funciona, ainda não sabemos se as pessoas que ruminam mais o fazem por causa das conexões mais fracas entre as regiões cerebrais ou se a ruminação leva a conexões mais fracas. Como tantas vezes se vê na psicologia, a resposta é provavelmente uma combinação das duas coisas, uma espiral descendente de forma e função. No entanto, uma espiral descendente muitas vezes nos dá a vantagem de intervir e criar uma espiral ascendente. Essa espiral ascendente pode ser a habilidade aprendida em psicoterapia para cuidar do conteúdo dos pensamentos e para levar a atenção às características externas de nosso ambiente ou fazer algo para nos arrancar de nosso humor ruminante. Por exemplo, a jovem viúva que jogou a xícara de café e saiu da sala conseguiu parar de voltar aos seus pensamentos insistentes; ela encontrou uma maneira eficaz de mudar o que estava pensando ao sair de casa.

Juntas nessa

Minha melhor amiga me apoiou em todos os eventos importantes da minha vida, ajudando-me a enfrentar as mortes do meu pai e da minha mãe. Ela e eu escrevemos inúmeras cartas uma para a outra ao longo dos anos. Desde o Ensino Médio, fora durante alguns breves períodos, nunca moramos na mesma cidade. A separação exigiu muitas cartas, depois e-mails e, por fim, com menos tempo disponível, telefonemas.

Quando estudei no exterior, na Inglaterra, essas cartas tornaram-se ainda mais longas e importantes para mim. Fiquei terrivelmente deprimida durante aquele ano de faculdade, e as cartas eram uma oportunidade para revelar tudo o que eu pensava e sentia. Permitimos uma à outra articular as nuances de nossos piores momentos. Eu sabia que ela entendia o que eu estava dizendo e podia especular sobre como minha vida e minha criação me levavam aos meus sentimentos da maneira mais clara que eu conseguia. Não sei mesmo o que eu teria feito sem ela.

Até ler o trabalho da psicóloga Amanda Rose, da Universidade de Missouri, nunca me ocorreu que esse tipo de conversa pudesse ter tanto um lado bom como um lado ruim. Ela estuda o papel dessas conversas, particularmente na vida de meninas e mulheres jovens. Desenvolveu o termo *corruminação* para descrever a discussão repetitiva e extensa de problemas pessoais entre duas amigas próximas, uma forma íntima e intensa de comunicação, muitas vezes sobre sentimentos negativos. O evidente lado positivo que experimentei com minha melhor amiga foi confirmado na pesquisa de Rose. Os amigos experimentaram essas conversas como algo que aumenta seus sentimentos de proximidade e satisfação com a amizade.[7] Por outro lado, a corruminação também levou a um aumento dos sintomas de depressão e ansiedade. O apoio que envolve falar extensivamente sobre problemas pode ter um efeito negativo no ajuste emocional em vez de um efeito positivo. Ironicamente, é um círculo vicioso. Quando nos sentimos mais deprimidos, podemos recorrer cada vez mais a essas conversas para nos sentirmos próximos e apoiados.

A pesquisa não está dizendo que ter amizades íntimas ou revelar os próprios sentimentos é ruim. Na verdade, quando Rose separou a quantidade de corruminação, essas amizades ainda estavam associadas a menos depressão. A oportunidade de revelar a própria vida interior e encontrar apoio e encorajamento em outra pessoa é benéfica. A questão está nos detalhes; a discussão passiva dos mesmos sentimentos negativos repetidamente é diferente de resolução de problemas, encorajamento ou conselho. Falar sobre como você está se sentindo pode fazer você se sentir normal quando a outra pessoa também já se sentiu da mesma forma. Quando sentimentos negativos são de longe o assunto mais comum, no entanto, ou quando parece que o mundo inteiro está contra vocês duas, a situação começa a deslizar para a corruminação. Com o tempo, minha melhor amiga e eu chegamos a essa mesma conclusão em algum nível intuitivo. Ela sugeriu que discutíssemos apenas três vezes uma determinada situação e, se nada tivesse mudado até então, tentaríamos algo novo antes de voltar ao assunto.

Aceitando

Enquanto escrevia este livro, tive a grande sorte de passar meu ano sabático na Universidade de Utrecht, na Holanda. Utrecht é uma antiga cidade romana, repleta de pessoas pedalando ao longo dos muitos canais ladeados por belas flores. Passei um tempo na histórica universidade com meus generosos anfitriões, Stroebe e Schut. Trabalhar lado a lado com outros pesquisadores de luto foi uma experiência nova para mim, pois não há muitos cientistas dedicados quase exclusivamente a esse assunto. Além disso, viver em outro país me proporcionou uma oportunidade de absorver uma grande quantidade de arte, história e cultura. Utrecht é famosa por sua história protestante e por suas buscas teológicas. Um dia, enquanto pensava na ética do trabalho protestante, fiquei impressionada com a palavra *trabalho* em "trabalho de luto". Stroebe e Schut haviam tentado entender as diferenças entre ruminação inútil e trabalho de luto útil. Percebi que talvez houvesse um oposto tanto à ruminação como ao trabalho de luto, que seria *aceitar*. Para me referir à reação ao que acontece no momento, uso *aceitar* em vez de *aceitação*, o que sugere uma mudança permanente na forma como uma situação é vista.

Conforme eu imaginava cenários de confrontar *versus* aceitar uma perda, uma diferença notável que me impressionou foi a quantidade de esforço necessário. Não que aceitar seja necessariamente fácil. Mas, quando vem, traz uma espécie de paz. É como soltar algo pesado, mesmo com o pleno conhecimento de que você talvez tenha de pegar de novo. E, embora possa significar que você não está mais consumido pelos pensamentos e sentimentos que envolvem a perda, aceitar também é diferente de evitar. A evitação — tentar contornar o fato de que a morte aconteceu — é trabalhosa. Evitar os sentimentos esmagadores de tristeza, motivado pelo quanto você os odeia, requer esforço. Aceitar, por outro lado, não tem nada a ver com odiar ou não o fato de seu ente querido ter morrido. É simplesmente reconhecer a realidade e interromper a reação aí. Sem ruminar, sem resolver problemas, sem raiva, sem protesto — apenas aceitando a forma como as coisas são.

Quero deixar claro que há uma distinção entre aceitar a morte de alguém e se resignar. Aceitar é saber que a pessoa se foi, que ela nunca mais voltará, que não há nada a ser feito sobre coisas que aconteceram na vida dela, que os arrependimentos e as despedidas fazem parte do passado. Aceitar é focar na vida como ela é agora sem a pessoa que morreu, mas sem esquecer-se dela. A resignação vai um passo além e sugere que seu ente querido se foi e por isso você nunca mais será feliz. Isso implica que só há consequências negativas para a morte. Aceitar é uma simples consciência da realidade, com a esperança de que a verdade do momento presente possa ser significativa ou dura, alegre ou desafiadora. A esperança é uma parte fundamental da psicologia humana quando as pessoas têm apoio e tempo suficientes.

Alguns dias após a morte de meu pai, fui à Alemanha por cerca de três semanas em uma viagem de trabalho que havia sido planejada muito antes de eu saber que ele morreria naquele verão. Felizmente, eu também estava trabalhando e ficando na casa do Gündel, meu colega e querido amigo de vinte anos, desde nosso primeiro estudo de luto com IRMf. Ele é psiquiatra e psicanalista por formação, conhecedor do luto e das pessoas que estão passando pelo luto. Muitas vezes, à tarde, nessa viagem, eu sentia necessidade de chorar. Era assim que eu sentia — num minuto eu estava digitando no meu laptop e no minuto seguinte as comportas se abriam, com as lágrimas brotando em meus olhos. Perder meu pai, já não tendo mais minha mãe, era qualitativamente diferente de perder apenas um deles, de uma forma que eu não esperava. Aquilo agora significava que eu não tinha mais mãe *nem* pai; pais não existiam mais no mundo para mim. Não tenho certeza se a palavra *órfã* pode ser aplicada a uma mulher de quarenta anos, mas eu me sentia muito, muito só.

Durante esses momentos de comportas abertas, eu me levantava e ia dar uma volta, liberando minhas lágrimas onde não perturbaria meu colega ou outras pessoas no departamento. O sul da Alemanha é lindo no verão, e aquele ano não foi exceção. Uma trilha se abria por um trecho de árvores verdes frondosas atrás da clínica, e eu caminhava lá por uns vinte minutos.

Era algo que acontecia dia após dia, por volta da mesma hora. Comecei a pensar nesses choros como as tempestades vespertinas que ocorrem em alguns lugares no verão. O sol está quente, brilhando e, de repente, vem uma chuva. Logo o sol volta a sair, fazendo reluzir as folhas e os carros que agora estão molhados. Essas tempestades de verão são bastante previsíveis: não acontecem todos os dias, mas com frequência suficiente para que você se lembre de levar o guarda-chuva ou de olhar para o horizonte antes de sair de sandália. Não adianta amaldiçoar essa chuva, não adianta ficar chateado quando ela cai no meio do seu jogo de softball ou piquenique agradável. Elas simplesmente vão acontecer e não se importam particularmente com o que você está fazendo no momento. Passei a pensar naqueles choros da tarde da mesma forma: um sentimento familiar quando as nuvens escuras pairavam sobre mim, um padrão um tanto previsível à tarde e a certeza de que era improvável que elas durassem. Eu me encontrava no final do trajeto circular verdejante, de volta à clínica, e em geral também percebia que havia parado de chorar. Meu cérebro voltara a pensar em algum parágrafo que eu havia escrito no escritório ou a fazer uma lista de compras para o jantar.

A chave para aceitar é não fazer nada com o que você está vivenciando; não perguntar o que seus sentimentos significam nem quanto tempo eles vão durar. Aceitar não é afastá-los e dizer que não consegue suportar. Não se trata de acreditar que agora você é uma pessoa destroçada, já que ninguém pode trazer seus pais de volta e você nunca mais terá outros. Trata-se de perceber como você se sente naquele momento, deixar suas lágrimas virem e depois deixá-las irem embora. Saber que o momento de luto vai ser avassalador, sentir o familiar nó na garganta e saber que ele vai desaparecer. Como a chuva.

Compreensão

Entendendo as pesquisas científicas sobre divagações mentais, fazendo com que as pessoas nos relatassem sobre quais tópicos ruminam e medindo seus processos de pensamento com tempo de reação e tarefas de laboratório com rastreamento ocular, percebi que restaurar uma vida significativa requer que nossa atenção passe do pensamento sobre o passado para o pensamento sobre o presente e o futuro. Isso exige capacidade de levar nossos pensamentos de relacionamentos que existiram para relacionamentos que existem e relacionamentos que poderiam existir, e trazê-los de volta outra vez. Podemos, ainda, devanear sobre nossa vida juntos, e uma trajetória de passagem pelo luto certamente não significa que esquecemos nossos entes queridos que morreram. Aliás, o tempo que passamos juntos e as experiências que tivemos com eles resultaram em conexões neurais e consequências químicas cerebrais que nunca nos permitirão esquecer. Optar por passar o tempo pensando em alguém de quem você gosta agora não significa esquecer alguém que você amou intensamente e amará para sempre. Aceitar significa que não passamos tempo no passado a ponto de não passar tempo nenhum no presente e que não usamos nossa capacidade de viajar no tempo para evitar o presente. No próximo capítulo, vamos explorar o que pode significar viver no presente diante do luto.

9
Mantendo-se no presente

Durante uma de minhas muitas entrevistas com pessoas enlutadas, eu estava sentada a uma mesinha em frente a um homem mais velho e distinto cuja esposa havia morrido alguns anos antes. Ele me contou a história emocionante da vida deles juntos, como se conheceram no colégio, casaram-se jovens, tiveram dois filhos e um lindo lar, como eram felizes, como ele a amava. Ele chorou um pouco quando me contou sobre a doença terminal, sobre como cuidou dela nas últimas semanas e ela acabou morrendo. Depois me disse que havia conhecido recentemente uma mulher que era muito diferente de sua esposa. Ela tinha interesses diversos e era mais extrovertida, e, embora namorar fosse um pouco estranho, ele considerava revigorante o tempo que passavam juntos. Ele parou, perdido em seus próprios pensamentos por um instante, e então disse apenas: "Sabe, o negócio é que era bom antes". Outra pausa. "E é bom agora."

O anseio não existe apenas para o passado, para algo que se foi. Anseio também significa que há algo que não nos agrada no presente. Se o anseio tivesse a ver só com o passado, simplesmente passaríamos algum tempo com nossas lembranças e, então, trocaríamos de marcha para nos concentrar em tudo o que está acontecendo no presente. Mas o momento presente pode ser cheio de dor quando estamos passando pelo luto, o que torna o passado ainda mais desejável. Se o presente tem pouco a dizer em sua defesa ou se nos sentimos incapazes de desviar nossa atenção e por isso nem sequer sabemos o que o presente tem a oferecer, é mais provável que esse anseio persista. Além dos sentimentos de tristeza, raiva e amputação que já mencionei, as pontadas de luto também podem estar cheias de pânico.

Pânico

Em *A anatomia de uma dor*, que C. S. Lewis escreveu após a morte da esposa, ele diz: "Ninguém me disse que o luto se parecia tanto com o medo".* Eu, nos piores momentos de luto, teria chamado de pânico. Após a morte do meu pai, eu não tinha filhos, não era mais casada e não tinha pai nem mãe. No ano seguinte, senti-me completamente solta no mundo, sem todos os vínculos usuais que me seguravam. O momento presente me atacava, muitas vezes à noite, e minha reação automática era o pânico. Meu coração e minha mente aceleravam, e eu quase pulava da cadeira de tão inquieta. A única coisa que ajudava durante o pânico era fazer minha atividade física se equivaler à quantidade de adrenalina disparada por meu corpo, então eu saía caminhando rápido pelo bairro, em geral no escuro.

* Tradução de Alípio Franca. São Paulo: Vida, 2006. p. 29. (N. T.)

Por fim, o corpo se cansa e a mente, também, e, chorando um pouco, eu, enfim, voltava para casa.

O neurocientista Jaak Panksepp concordou com o escritor C. S. Lewis e com minha própria experiência pessoal. Panksepp foi um pioneiro em "neurociência afetiva", o campo que estuda os mecanismos neurais da emoção. Ele insistiu que a emoção poderia ser estudada científica e empiricamente em animais e desenvolveu um modelo abrangente para a gama de emoções que o cérebro produz e as funções dessas emoções. Uma vantagem do clima quente em Tucson é que os acadêmicos mais velhos adoram visitar, e tive a sorte de ouvir Panksepp dar várias palestras na Universidade do Arizona, não muito antes de sua morte em 2017. Uma de suas contribuições pouco conhecidas é a nossa compreensão da neurobiologia do luto. Seu conhecimento não era apenas acadêmico, pois sua própria filha adolescente morreu em um acidente de carro causado por um motorista bêbado.

Panksepp nomeou os sistemas neurais para diferentes emoções com letras maiúsculas, como ALEGRIA, RAIVA e MEDO. O sistema que controlava a resposta à perda, ele chamou de PÂNICO/LUTO, destacando a sobreposição até no próprio nome. Certamente, nem todos os aspectos do luto parecem pânico. Panksepp estava se referindo a (1) luto agudo, (2) aspectos do luto mantidos em várias espécies e (3) luto que não foi elaborado pelas regiões corticais superiores do cérebro. Ele documentou que, quando separados, os animais costumam passar por um período de maior atividade, caracterizado por aumentos nas frequências cardíaca e respiratória, liberação de hormônios de estresse como o cortisol e pedidos de socorro. As principais pesquisas de Panksepp nessa área se concentraram nos pedidos de socorro, inclusive os ultrassônicos de algumas espécies. Ele identificou o que chamou de anatomia da dor, ou as regiões conectadas do cérebro que produziam os pedidos de socorro quando estimuladas eletricamente. As regiões incluem a cinzenta periaquedutal (PAG, na sigla em inglês) no meio do cérebro, logo acima da medula espinhal. Em meu segundo estudo de neuroimagem, a PAG foi ativada em participantes enlutados que olhavam fotos de seu ente querido falecido em comparação com um estranho, quer eles tivessem luto complicado ou não.

O pânico, o aumento da atividade e os pedidos de socorro têm a probabilidade de colocar o animal separado em contato com outros de sua espécie, ou "coespecíficos". Pode-se imaginar que a função do PÂNICO/LUTO seja motivar os animais, incluindo os primatas, a entrar em contato com outros. Outros de sua espécie certamente poderiam ajudar em sua sobrevivência, mesmo que aquele que estava perdido não conseguisse se reunir com seu cuidador. O contato social leva à liberação de opioides no animal em perigo, que funciona tanto para acalmar como para ensinar. Entrar em contato com os outros é aliado a essa poderosa recompensa, algo equivalente a opioides, mas gerado internamente, e uma poderosa recompensa tende a aumentar qualquer comportamento que a preceda. Como seria bom se pudéssemos usar esse entendimento fisiológico como um método único de administração de medicamentos. Um médico poderia recomendar: "Para aliviar temporariamente sua angústia, tenha duas conversas com pessoas atenciosas, de preferência incluindo um abraço, e me ligue pela manhã".

Em muitas de minhas próprias ocasiões de pânico, liguei para minha irmã ou minha melhor amiga, ou, se não conseguia falar com elas, para outro amigo próximo. Em outras ocasiões, porém, achei que era tarde demais para ligar, ou que não me sentia tão mal, ou que havia sobrecarregado as pessoas o suficiente até então. Os seres humanos têm a capacidade de anular todos os tipos de padrões de comportamento trazidos pela evolução. Eu tinha a sorte de saber que esses amigos me atenderiam e conversariam comigo independentemente da hora, e é muito provável que seu apoio tenha sido o que me manteve sã. O fato único de saber que eu *podia* ligar, mesmo quando não ligava, constituía a diferença entre a angústia extrema e a moderada. No entanto, estou ciente de como sou afortunada, pois há muitos no mundo que não têm sequer uma única pessoa que sentem que poderiam procurar nessa situação.

O que o presente tem a oferecer?

Se o momento presente tem apenas pânico e tristeza a oferecer, por que raios passaríamos nosso tempo plenamente atentos a ele? No início, talvez sejamos capazes de suportar a dolorosa realidade do presente por apenas um momento. Uma estimada colega em minha área certa vez me disse que, durante sua graduação, ela se casou e teve um bebê. Aí, seu marido morreu inesperadamente. Como mãe solteira, sem emprego e sem diploma universitário, ela tinha todos os motivos para sentir pânico. Ela me contou que sabia que não suportava lidar com o significado daquela realidade, mas se convenceu de que provavelmente conseguiria pensar sobre aquilo por dois segundos. E que, no dia seguinte, ela provavelmente conseguiria suportar pensar pelo dobro do tempo. E o dobro desse tempo no dia seguinte. E assim por diante até que conseguisse decidir o que fazer. Inclusive, ela virou uma pesquisadora muito famosa e tem uma relação maravilhosa com o filho já adulto. Quando nos permitimos a flexibilidade de viajar mentalmente no tempo para longe do presente, estamos tentando nos proteger da dor, em especial quando a realidade é simplesmente dolorosa demais para suportar. Enfrentar esse caminho é comum no luto agudo.

Mas o momento presente também nos oferece possibilidades. Por exemplo, ele nos oferece outros membros de nossa espécie. E só no momento presente você pode sentir alegria ou conforto. Não dá para sentir essas coisas no passado ou no futuro. Se parece improvável, pense desta forma: você pode se lembrar de momentos em que sentiu alegria ou conforto, mas, na verdade, está sentindo-os no momento presente. Memórias ou planos para o futuro podem estimular você a ter esses sentimentos, mas os sentimentos estão acontecendo no aqui e agora. Seu corpo está produzindo cortisol ou opioides agora mesmo. Ficar preso a focar sua consciência em um mundo virtual onde o *e se* é verdade, onde seu ente querido está vivo ou seus amigos entendem melhor sua dor, tem um lado negativo: você está perdendo o que está acontecendo de fato neste momento. Embora muitos aspectos do que está acontecendo neste momento possam ser dolorosos, há também aspectos do presente que são maravilhosos.

O ser humano não pode escolher ignorar apenas os sentimentos desagradáveis. Se você está entorpecido para sua experiência momentânea, está entorpecido para tudo, o bom e o ruim. Você deixa de sentir seu coração aquecido pelo barista que lhe abre um sorrisão ou de se divertir com o filhote de cachorro brincando no parque. Se você evita sentimentos dolorosos evitando a consciência do que está acontecendo ao seu redor, você acaba inconsciente do que está acontecendo ao seu redor. Não é possível evitar apenas sentimentos negativos. Ignorar o presente torna difícil aprender o que funciona nas novas maneiras como você está vivendo sua vida. Por outro lado, quando você está presente no momento, a dopamina, o opioide e o feedback de oxitocina o ajudam a caminhar em direção a uma vida restaurada e significativa.

Certo ano, quando eu estava hospedada na casa da minha melhor amiga durante as férias, fiquei dividida entre conversar com ela e trocar mensagens de texto com meu novo namorado. Ela me perguntou em determinado momento se eu tinha alguma resolução de Ano-Novo, e riu quando falei que queria estar mais atenta no próximo ano. Eu estava com o celular na mão enquanto dizia isso, sem nem olhar para ela. Fiquei ligeiramente ofendida com a risada dela, pois me pareceu claro que, embora não estivesse prestando atenção a ela, eu estava prestando atenção ao que estava fazendo. Anos mais tarde, passei a entender que mindfulness é mais do que apenas prestar atenção. Estar no momento presente é consciência além de seu ponto focal, consciência que inclui aqueles que estão com você *aqui* e *agora*, sejam eles amigos, balconistas, crianças, velhos ou estranhos. De certa forma, mindfulness é mover a atenção para a consciência do *aqui*, a consciência do *agora* e a consciência do *perto*. Você pode estar prestando atenção ao que está fazendo, mas isso não é o mesmo que estar consciente de que está fazendo no presente, aqui nesta sala e com os seres humanos ao seu redor. De certa forma, eu penso na consciência do momento presente como entregar-se de todo coração, engajando-se no que você está fazendo agora em todos os aspectos. Isso lhe dá mais oportunidade de experimentar o que está acontecendo, de ver as maravilhas que a vida tem a oferecer e de aprender com suas interações com o mundo.

No início de meu luto com ondas de pânico, eu não tinha a presença de espírito de fazer quase nada, quanto mais aprender a mudar o foco de minha consciência. Aliás, eu deixava um bilhete grudado no meu armário da cozinha dizendo: "Cozinhar. Limpar. Trabalhar. Diversão". Servia a dois propósitos. O bilhete era uma intenção para aquilo que eu podia de fato fazer durante um dia, por mínimo que parecesse. Nos momentos em que eu me via sobrecarregada ou atordoada, podia voltar a essa lista simples para me dizer o que fazer em seguida. Nos dias em que eu conseguia realizar algum aspecto dos quatro objetivos, era relembrada de que era o suficiente — havia sido um bom dia. Para deixar claro, isso era o luto normal, típico, não o luto complicado. Levou meses para transformar minha vida de novo em algo que eu vivesse por inteiro, e, de algumas formas, ainda é um trabalho em andamento. No longo prazo, achar uma forma de passar mais tempo no momento presente me ajudou a descobrir o que era essa vida agora e, quando eu soube como era realmente a vida no presente, pude escolher como vivê-la.

Insônia

Se passar pelo luto não torna o presente insuportável o suficiente, a insônia que muitas vezes vem com ele certamente não ajuda. O período após a morte de um ente querido é uma tempestade perfeita que desregula todos os sistemas que controlam nosso sono. Primeiro, nosso sistema está bombeando uma combinação de adrenalina e cortisol em resposta ao estresse do luto, o suficiente para manter qualquer pessoa acordada como se estivesse bebendo café o dia todo. Combine isso com todas as mudanças no que os pesquisadores de insônia chamam de "*zeitgebers*", que significa "doadores de tempo".

Os *zeitgebers* são todos os sinais ambientais que sincronizam os ritmos biológicos de uma pessoa com o ciclo de 24 horas de luz e escuridão da Terra. Exemplos de *zeitgebers* relacionados ao adormecer incluem jantar; um período de calma antes de ir para a cama, como ver televisão ou ler; entrar na cama com o calor, os cheiros e as sugestões visuais de seu cônjuge; e apagar as luzes. O mais provável é que todos esses *zeitgebers* sejam perturbados pela ausência do seu ente querido. Cada um deles torna-se, em vez disso, um sinal de dor, um lembrete de que a pessoa não está aqui. Quando você está passando pelo luto, os *zeitgebers* não estão apenas ausentes, sua ausência é também o gatilho para a ruminação relacionada ao luto, o que mantém nossos pensamentos insistentes e nossa excitação fisiológica. Não é de se admirar que a gente não consiga dormir.

Muitos médicos prescrevem benzodiazepínicos ou medicamentos para dormir para pacientes enlutados devido ao desespero dos pacientes ao relatar a insônia. Evidências empíricas mostram que esses comprimidos não ajudam no luto e, com o tempo, pioram o sono das pessoas enlutadas.[1] Mesmo que você durma melhor em determinada noite em que toma um comprimido, em algum momento seu ritmo circadiano se acostuma à sinalização da droga. Você fica sincronizado com a sensação da droga junto com as outras coisas que faz quando se prepara para dormir. Quando você para de tomar o remédio, volta a ter um sono ruim ou ainda pior. A insônia volta, e agora você tem de lidar tanto com a ausência de seu ente querido como com a ausência de uma droga que seu corpo passou a esperar. É mais um exemplo de como o tempo não cura, mas a experiência cura ao longo do tempo. Se você tira a experiência, mesmo a experiência da insônia, é mais difícil aprender a criar uma vida que sustente seu ciclo natural de sono circadiano.

É mais difícil descobrir o que ajuda a normalizar seu sono ao longo do tempo.

A insônia é uma questão tão importante, que quero ser muito clara — os médicos têm as melhores intenções quando prescrevem remédios para dormir. Um achado acidental veio de um estudo de médicos que é relevante aqui. Os pesquisadores queriam entender por que os médicos receitavam benzodiazepínicos, como diazepam (Valium) e lorazepam (Ativan), para adultos mais velhos, apesar de todas as diretrizes contra isso. O estudo não foi concebido para investigar o luto como uma indicação potencial de prescrição, mas sim para questionar a razão pela qual os médicos receitavam esses medicamentos para dormir a alguém. Inesperadamente, mais da metade (18 dos 33 médicos) relatou de forma espontânea que prescrevia benzodiazepínicos especificamente para o luto agudo.[2] Os pesquisadores não tinham percebido o quanto isso era comum, e, na época, essa preocupação não estava no radar deles. Além de perguntar aos médicos, os pesquisadores entrevistaram cinquenta pessoas mais velhas que eram usuárias de benzodiazepínicos de longo prazo e perguntaram por que lhes haviam prescrito o medicamento, em primeiro lugar. Vinte por cento relataram que esses medicamentos lhes foram prescritos inicialmente por causa do luto, e que nunca os interromperam. Em média, eles haviam tomado esses medicamentos por quase nove anos. Sabemos que o aprendizado da terapia cognitivo-comportamental para insônia (TCC-I) teria menos efeitos colaterais (e seria um tratamento mais eficaz).

Os médicos estão receitando remédios aos pacientes porque têm empatia por sua angústia e querem fazer algo. Um dos entrevistados disse: "Pessoas que me ligam e dizem 'meu filho morreu, meu marido morreu'... Eu dava [benzodiazepínicos] na mesma hora. Quinze comprimidos, vinte comprimidos, para um mês, claro. Se não for suficiente, você deve marcar uma consulta e vir me ver. Então, são drogas maravilhosas para isso". Não estou sugerindo que nunca haja motivo para usar esses medicamentos poderosos. Estou sugerindo que, se a motivação é fornecer cuidados compassivos a um paciente, mas não há evidências de que isso ajude em seu sono ou luto, a motivação e o comportamento de prescrição não estão em sincronia.

Não podemos nos forçar a dormir, assim como não podemos nos forçar a superar nosso luto. O que podemos fazer é proporcionar as oportunidades para que nossos sistemas naturais voltem a se regular, embora até isso leve tempo. Aos poucos, reencaixamos as peças de nossa vida e desenvolvemos novos hábitos, novos *zeitgebers*, uma nova compreensão do que aconteceu. Uma forma de podermos ajudar nosso sistema natural de sono é reforçar seus ritmos regulares. Embora não possamos nos forçar a dormir, podemos nos forçar a acordar no mesmo horário todos os dias, o mais poderoso dos *zeitgebers*. Esse horário de despertar restabelece todo o ciclo circadiano, e isso ajuda com o tempo. Acordar à mesma hora todos os dias ajuda mesmo que nos sintamos cansados durante o dia, forçando-nos a levantar quando o alarme toca apesar de termos dormido muito pouco. Na verdade, durante o luto, nosso cérebro é inteligente o bastante para nos dar o que precisamos, tirando uma fatia de cada uma das etapas do sono. Ele rouba um pouco de tempo do sono profundo, um pouco do movimento rápido dos olhos, ou sono REM, e um pouco do sono mais leve. Isso significa que, embora estejamos dormindo menos em geral, temos todas as partes do sono de que precisamos. É outro exemplo surpreendente de nosso cérebro trabalhando em nosso favor, em um nível que não podemos compreender.

Inserir outras sinalizações no processo do sono, além dos medicamentos, também não é uma boa ideia. Um senhor mais velho cuja esposa morreu de câncer de mama me disse que ele começou a adormecer em sua grande e confortável poltrona reclinável em frente à TV, porque simplesmente não conseguia se levantar e enfrentar a cama conjugal. Quando o sono o tomava no final da noite, ele ficava feliz em cair na inconsciência. Mas adormecer em sua poltrona não era uma solução — inevitavelmente, ele acordava com a TV ainda ligada e tinha de caminhar pelo temido corredor até o quarto. Sem a pressão natural do sono que vem no fim do dia (porque aquele impulso biológico interno era esgotado enquanto ele estava na poltrona), ele ficava acordado na cama, sentindo-se triste e solitário, reforçando a associação entre a cama e o luto. Depois de entender melhor o sistema de sono biológico, ele criou uma regra de se levantar quando começava o noticiário das dez horas e se preparar para dormir, já que muitas vezes adormecia na poltrona após as manchetes. Ele escovava os dentes durante o primeiro segmento e, no primeiro intervalo comercial, estava pronto para ir para a cama. Embora odiasse enfrentar os mesmos lembretes no quarto, ele se deitava e o narcótico natural da sonolência funcionava com mais frequência do que não. Com o tempo, ele passou a sentir menos medo de ir para a cama e ficou mais confiante de que nem toda hora de dormir estaria associada a uma onda de luto.

Um mar de gente

Há um poema chamado "The Sleepless Ones" ["Os insones"], de Lawrence Tirnauer, de que gosto muito. Nele, Tirnauer escreve sobre estar acordado à noite, revirando-se, infeliz com esse estado. Ele se pergunta quantas pessoas também estão acordadas passando por essa tortura. Se todas se levantassem agora e saíssem de casa para caminhar na rua, ele imagina como um mar de gente fluiria junto, todo mundo unido pela insônia. É lindo.

É assim com a insônia e é assim com o luto. Eis o que é difícil de enfiar na cabeça: há luto neste mundo — não apenas o seu em particular —, e sentir luto em algum momento é uma das regras de ser humano. É isso que faz, porém, com que, quando sentimos o luto, de repente, centenas de pessoas que conheceram esse sentimento, de seus antepassados a seus vizinhos e até perfeitos estranhos, unam-se a nós. Esse mar de gente pode ou não entender você e seu luto particular, mas elas mesmas têm lutado contra a tristeza. Você não está sozinho. Quando nos concentramos em como o luto se manifesta em nós, quando nos fixamos em nossa própria experiência, ficamos desconectados dos que nos rodeiam. Por outro lado, quando nos concentramos na ideia de que simplesmente há luto e nós fazemos parte dele, encontramos conexões. Às vezes nos envergonhamos de nossos fortes sentimentos de luto, ou ficamos bravos com as reações dos outros ao nosso humor, ou nos sentimos fracos, desorientados ou preocupados, e assim por diante. Mas, se conseguirmos parar de nos julgar, se conseguirmos ter compaixão por nós mesmos porque somos humanos e porque esta vida humana inclui o luto, poderemos achar mais fácil nos conectar com os outros também.

Esse é um aspecto de proximidade, uma dimensão que o cérebro utiliza. Assim como você pode levar sua mente do passado para o presente, será que poderia mudar sua mente de se sentir distante para se sentir próximo? Considere o quão você é semelhante a alguém que conhece. Vocês dois têm frustrações. Ambos têm esperança de felicidade. Ambos estão ligados a um corpo físico que tem dores e sofrimentos. O conteúdo dessas semelhanças pode ser diferente, mas a experiência humana se sobrepõe. Pense na fileira de círculos sobrepostos do capítulo 2, a escala de Inclusão do Outro no Eu. Talvez movendo dois círculos, como se fossem planetas em um modelo do Sistema Solar, o que você vê mudasse. Ao mover o seu alinhamento para olhar para eles, dois globos que nem se tocam podem vir a compartilhar algum espaço, mudando sua perspectiva. Talvez você e outra pessoa possam ser considerados próximos a partir de outra perspectiva.

Há alguns anos, fui de carro a Wyoming para ver o eclipse solar, um evento espetacular que aconteceu no meio do dia. Por um breve tempo, consegui ver que a Lua pode bloquear o espaço entre o Sol e a Terra. De minha perspectiva parada na Terra, vi o crescente de escuridão aumentar enquanto o círculo da Lua se movia para a frente do círculo brilhante do Sol. Fiquei espantada com a ideia de que, quando tudo se alinha direitinho, eu possa ver como os planetas estão próximos. Durante momentos de luto, há quem sinta que essa proximidade com os outros ao redor é tão rara quanto um eclipse. Com atenção, é possível mudar nossa perspectiva para sentir proximidade com as pessoas em nosso mundo. Se continuarmos prestando atenção ao momento presente, conscientes da proximidade, ou se mudarmos nossa perspectiva, poderemos ver que compartilhamos algo com qualquer um que já tenha amado ou sofrido o luto. E isso descreve quase todo mundo.

Os neuropsicólogos usam um teste particular para determinar como o cérebro de uma pessoa pode mover sua atenção entre diferentes tarefas. Nessa versão de ligue os pontos, a pessoa que está sendo testada desenha uma linha de um ponto para o outro em ordem ascendente. A parte complicada é que ela tem de alternar entre números ascendentes e letras ascendentes ou de 1 para A para 2 para B, e assim por diante. Passar os olhos na página inteira em busca de um número e depois lembrar rapidamente de trocar e procurar a próxima letra é bem difícil. A velocidade com que a pessoa faz a tarefa está diretamente associada à integridade da rede de controle executivo do cérebro. Especificamente, a quantidade de sincronização na atividade cerebral das regiões da rede de controle está relacionada à velocidade em que a pessoa consegue completar a tarefa de ligar os pontos. Ou, em outras palavras, a sincronização da rede de controle do cérebro está relacionada a quão bem a pessoa consegue levar sua atenção de uma coisa para outra.[3]

A relevância dessa capacidade de mudar de tarefas entra em jogo quando pensamos em alguém que leva sua atenção de pensar em seu luto para estar no momento presente. O neurocientista David Creswell, da Universidade Carnegie Mellon, estudou pessoas que lidam com um tipo diferente de luto, a perda do emprego. Ele levou indivíduos que estavam procurando emprego a um retiro de três dias e lhes ensinou vários métodos de meditação. Também fez exames de neuroimagem antes e depois dos três dias. Metade deles foi ensinada a perceber o que estava experimentando, nomear isso e depois liberar o pensamento e retornar sua consciência ao momento presente. De antes do retiro para depois, o cérebro das pessoas que receberam essa intervenção mostrou mais sincronização entre a rede de controle executivo e a rede de modo padrão.[4] O grupo de intervenção também mostrou um aumento significativamente maior na conectividade após o retiro do que os membros do grupo de controle, que foram ensinados sobre gestão do estresse, mas não a aumentar a consciência do momento atual e deslocar sua atenção. Essa conectividade entre redes pode ser uma assinatura neural para a melhoria da capacidade de mover a atenção do estado padrão, que muitas vezes inclui pensamentos focados internamente em si mesmo, de volta ao que está acontecendo no momento. Sem receber feedback do que está acontecendo no presente, a adaptação pode levar mais tempo. Pode demorar mais para aprender a viver sem nosso ente querido a fim de se viver plenamente.

C. S. Lewis escreve: "Não só vivo meu luto a cada dia interminável, como também vivo a cada dia pensando sobre o que é viver todos os dias em luto".* Desde cedo, muitas pessoas que estão passando pelo luto não conseguem ser muito produtivas, pois nossa mente, nosso cérebro e nosso corpo estão desregulados demais para funcionar adequadamente sem nosso ente querido. Mas, com o tempo, temos a oportunidade de aprender a reagir a cada momento da forma como ele se apresenta. Podemos considerar o que é melhor para nós, os prós e os contras de passar o presente ansiando pelo passado. Talvez estejamos evitando o que está acontecendo no momento presente, não nos engajando no que pode ser visto, sentido e provado agora. Ou talvez simplesmente não saibamos onde nossa mente está, com o hábito de divagar a menos que nossa atenção seja agarrada por algo ou que

* Tradução de Alípio Franca. São Paulo: Vida, 2006. p. 34-35. (N. T.)

estejamos fazendo uma tarefa que requeira foco. Mover nossa atenção é mais difícil do que parece. Exige esforço, especialmente no início. Como nosso cérebro gera pensamentos a um ritmo persistente, não é provável que a gente fique no presente por muito tempo. Mas repetir essa habilidade de fato fará mudanças em nosso cérebro. Quando as pessoas praticam novas formas de pensar — de aprender a meditar à psicoterapia —, estudos de neuroimagem mostram mudança nos padrões de ativação cerebral. É notável a ideia de que o conteúdo de nossos pensamentos, ou no que empregamos nossa atenção, muda o disco rígido do cérebro, a fiação de nossas sinapses. É um processo dinâmico. Nossas conexões neurais geram o conteúdo de nossos pensamentos, e, ao mesmo tempo, a orientação do conteúdo de nossos pensamentos muda exatamente essas mesmas conexões neurais.

Lembro-me de uma analogia feita por uma amiga que é massoterapeuta. Ela me disse que acredita que seu trabalho não seja apenas diminuir mecanicamente a tensão nos músculos. A chave também é levar a atenção do cliente para lugares específicos do corpo, a fim de permitir que ele possa relaxar seus próprios músculos. Seu papel é orientar a atenção; a mudança está sendo feita internamente pelo cliente. O que podemos usar para nos lembrar de mudar nossa atenção para o presente?

Uma maneira de perceber explicitamente que estamos no presente enquanto nossos pensamentos estão voltados para o que perdemos é usar memoriais. Os memoriais podem ser eventos únicos, mas, em muitas culturas, existem rituais diários ou semanais para conectar nosso comportamento externo com os pensamentos internos em nosso ente querido. Acender uma vela é um exemplo muito comum: a ação de acender um fósforo e observar a chama, os cheiros da fumaça e da cera da vela, a anotação mental de nossa atividade presente, juntamente com o pensamento em nosso parente ou amigo — tudo isso nos lembra de que, enquanto estamos no presente, estamos sempre incorporando aspectos de nosso passado.

Outros rituais são menos óbvios. Há muitos anos, nosso gato morreu. Foi meu primeiro relacionamento de longo prazo com um animal, meu primeiro luto por esse tipo especial de relacionamento. Depois que ele morreu, comecei a comprar flores. Isso não era possível enquanto ele estava vivo, porque ele inevitavelmente as encontrava, comia e depois vomitava por toda a casa. Durante muito tempo, não consegui entender por que era importante para mim continuar comprando flores. Minha motivação parecia ainda mais estranha, até para mim mesma, porque olhar as flores era um pouco doloroso, já que elas me faziam pensar na ausência dele. Mas eu também gostava das flores, com suas pétalas delicadas e cheiro delicioso. Em algum ponto, percebi que adorava ter meu gatinho em minha vida, mas isso não significava que eu não sentia falta de ter flores em minha casa durante a vida dele. No presente, eu gostava de ter flores, mesmo que elas fossem um lembrete de que ele havia ido embora. Não é uma simples troca; eu não pude escolher como se fossem duas opções. Era apenas a realidade do momento presente em que eu me encontrava. Há sempre alguns aspectos da maneira como as coisas são de que eu gosto e outros de que não gosto. Não posso fingir que as coisas só eram boas enquanto meu doce gato estava vivo. Comprar flores era uma maneira de me lembrar de que estou aqui agora, e eu quero realmente fazer parte do agora, com flores e lembranças dele, tudo isso junto.

Pensamentos divagantes

O neurocientista Noam Schneck, da Universidade Columbia, publicou vários artigos, no final dos anos 2010, abordando alguns dos problemas difíceis para entender como o luto é processado pelo cérebro. Schneck emprega a decodificação neural, uma técnica nova em neurociência. Esse método usa algoritmos altamente sofisticados para procurar "impressões digitais" na atividade cerebral que ocorrem quando temos uma ideia sobre algo específico. Eis como funciona: Schneck pede aos participantes que pensem em seu ente querido falecido enquanto eles estão sendo escaneados. Ele ajuda os participantes a produzirem esses pensamentos mostrando-lhes lembretes sobre o falecido, incluindo fotos e histórias. Vamos chamar de tarefa de foto/histórias. Os participantes também veem histórias e fotos de um estranho, como a condição de controle que vimos em estudos anteriores. Após a ressonância, um computador identifica os padrões de ativação cerebral exclusivos dos pensamentos do falecido, ou a impressão digital do pensamento relacionado ao falecido, em comparação com os pensamentos ativados pelo estranho. Como esses padrões estão sendo encontrados por um computador, a técnica é chamada de aprendizado de máquina. Mais especificamente, aprendizado de máquina é quando o computador "aprende" a identificar o conteúdo do pensamento ao procurar padrões em um conjunto de dados. Então o computador é "testado" para ver se ele pode usar esse mesmo padrão em um conjunto diferente de dados para prever com precisão o mesmo conteúdo de pensamento. No estudo de Schneck, o padrão de ativação cerebral, a impressão digital neural de pensamentos relacionados a entes falecidos, incluiu a ativação em regiões do cérebro que já encontramos antes em estudos de luto, incluindo os gânglios basais, onde está o núcleo *accumbens*.

O surpreendente sobre esse processo de aprendizagem de máquina é que, uma vez que Schneck identificou a impressão digital neural de pensamentos relacionados ao falecido, ele pôde usar essa mesma impressão digital para procurar pensamentos sobre o falecido durante uma tarefa diferente de neuroimagem. Os participantes também fizeram uma tarefa de atenção contínua, uma atividade tão entediante, que geralmente leva a pessoa a divagar. Eles ficavam em uma máquina de ressonância por dez minutos apertando um botão toda vez que um número aparecia, a menos que fosse o número 3. Como você pode imaginar, não é uma atividade muito envolvente, e logo a mente dos participantes se volta para outros pensamentos, como os pesquisadores esperavam. A cada trinta segundos mais ou menos, perguntavam ao participante se ele estava pensando em seu ente querido falecido.

Schneck e seus colegas queriam saber se a impressão digital neural identificada na tarefa de fotos/histórias poderia prever com precisão quando os participantes estavam pensando em seu ente querido falecido durante a tarefa de atenção contínua. E, de fato, a assinatura neural que o algoritmo de aprendizado de máquina produziu na primeira tarefa foi capaz de prever com maior precisão quando os participantes disseram que estavam pensando no falecido na segunda tarefa.

Antes de decidir que isso é assustador ou que os neurocientistas estão tentando ler a mente das pessoas, lembre-se de que não há como encontrar as impressões digitais neurais dos pensamentos sem permissão. A pessoa precisa lhe dizer quando está pensando em uma coisa em particular para criar um conjunto de dados com o qual o computador possa aprender, o que requer a colaboração voluntária dos participantes. E a decodificação neural, embora impressionante, não é nem perto de 100% precisa. Os pensamentos são experiências conscientes, e as impressões digitais neurais desses pensamentos só podem ser aprendidas por um computador se houver muitos relatórios da pessoa. Nenhum pesquisador pode descobrir o que alguém está pensando a menos que o participante esteja ativamente tentando ajudá-lo a comparar o que está pensando no momento com mapas de ativação cerebral.

Então, com que frequência os pensamentos das pessoas enlutadas estavam concentrados na tarefa no momento presente? Os resultados do estudo de Schneck sobre neuroimagem revelaram que, durante a tarefa de atenção sustentada (quando a mente estava divagando com frequência), em 30% do tempo elas estavam pensando em seu ente querido falecido. Na vida real, durante os primeiros dias de luto, o ato de tentar realizar uma tarefa é muitas vezes interrompido por pensamentos intrusivos sobre o ente querido falecido. Este é o resultado mais interessante do estudo: quanto mais vezes a impressão digital neural do pensamento relacionado ao falecido aparecia na atividade cerebral dos participantes, mais frequentemente eles evitavam pensar no falecido ou em seu luto na vida cotidiana. Assim, quanto mais eles tentavam evitar pensar na pessoa, mais pensavam nela involuntariamente durante a divagação mental. A partir disso, vemos que, embora a evitação cognitiva possa ser uma estratégia que as pessoas enlutadas usam para obter alívio de pensamentos frequentes e dolorosos de perda, uma evitação maior também traz junto um número maior de pensamentos intrusivos. Suprimir os pensamentos está, ironicamente, relacionado a uma piora desses pensamentos. Precisamos descobrir uma nova estratégia para ajudar os enlutados a administrar seus pensamentos dolorosos no momento presente, uma vez que evitá-los não os ajuda muito no longo prazo.

Processamento inconsciente da perda

Esse primeiro estudo de Schneck concentrou-se em pensamentos conscientes e relatáveis no ente querido falecido, mesmo quando eles ocorriam no meio da tentativa de fazer outra coisa. O segundo estudo de Schneck foi ainda mais interessante. Ele queria entender mais sobre o processamento inconsciente da perda. Para pensamentos conscientes, ele podia apenas perguntar às pessoas no que elas estavam pensando. Para estudar o processamento inconsciente, tinha de encontrar uma maneira de procurar uma impressão digital neural que não dependesse de relatórios dos participantes. O processamento inconsciente é semelhante ao que consideramos no capítulo 1: o cérebro aprende sobre a ausência de seu ente querido por meio da experiência de seu novo mundo ao longo do tempo. Digamos que você perceba que não está mais abrindo a gaveta das meias de seu marido depois de lavar a roupa; esse novo comportamento se desenvolveu por causa do processamento de muitos antecedentes de experiências repetidas. Nem sempre precisamos estar envolvidos no trabalho de luto ou deliberadamente concentrados na perda, porque o cérebro está aprendendo e se adaptando mesmo quando não estamos explicitamente cientes disso. Uma estudante de pós-graduação que trabalha comigo, Saren Seeley, compara isso à maneira como um computador executa programas em segundo plano quando você está digitando um documento na tela. Esses programas invisíveis de fundo estão tornando possível fazer a tarefa em primeiro plano.

Entretanto, há um limite de quantos recursos um computador pode alocar para esses programas de fundo antes que a tarefa que você está tentando fazer trave.

Schneck procurou por uma impressão digital neural para o processamento inconsciente da perda observando quando os participantes do segundo estudo eram desacelerados por lembretes do falecido. Tenho certeza de que você já notou quantas coisas em seu ambiente o lembram de seu ente querido quando você está passando pelo luto e que esses lembretes o distraem. O decodificador neural de Schneck comparou a impressão digital do cérebro distraído por palavras relacionadas ao falecido em uma tarefa de tempo de reação com o processamento mais rápido de outras palavras. O computador era configurado para trabalhar em busca de padrões de ativação cerebral que distinguissem essa diferença na atenção seletiva. Nesse segundo estudo, o computador não estava tentando encontrar pensamentos específicos sobre o falecido com seus algoritmos, e sim apenas tentando encontrar a lentidão do tempo de reação quando o cérebro estava prestando atenção às palavras relacionadas ao falecido. Este é o ponto principal: o processamento mais lento ou mais inconsciente da perda ao realizar outras tarefas estava ligado a relatos de sintomas de luto menos intensos e em menor quantidade. Mais impressões digitais neurais dessa incubação inconsciente estavam ligadas a uma melhor adaptação. Não temos nenhum controle sobre nossos pensamentos inconscientes, mas é interessante que seja assim que funcione! Para resumir, o que Schneck encontrou nos dois estudos foi que pensamentos conscientes e intrusivos sobre o falecido estavam ligados a mais tristeza. Evitar esses pensamentos estava associado ao fato de que eles aconteciam com mais frequência. Por outro lado, o processamento inconsciente estava associado a menos luto. Assim, embora os pensamentos conscientes que o distraem não sejam úteis (embora possivelmente sejam inevitáveis), os pensamentos inconscientes durante o divagar da mente parecem ser.

Pessoas enlutadas que usam a evitação parecem estar examinando seu processamento mental inconsciente para impedir que os pensamentos em seu ente querido falecido entrem em sua consciência. Schneck compara isso ao uso de um bloqueador de pop-ups ineficiente. A triagem de nossos pensamentos funciona até certo ponto e bloqueia os pop-ups no início. Mas, com o tempo, o sistema fica sobrecarregado, e, por fim, os pop-ups passam. A ciência do luto tem um longo caminho a percorrer para compreender a relação entre os processamentos consciente e inconsciente do luto. Muito mais estudos precisam ser feitos para entender o modo como tanto a evitação como a ruminação podem levar ao transtorno do luto prolongado — ou ajudar a mantê-lo. Mas o investimento de jovens neurocientistas inteligentes na neurobiologia do luto me incentiva a pensar que estamos no caminho da descoberta.

Amor

Após a morte de um ente querido, ele claramente não está mais conosco no mundo físico, o que nos é provado a cada dia. Por outro lado, ele não se foi, porque está conosco em nosso cérebro e em nossa mente. A composição física de nosso cérebro — a estrutura de nossos neurônios — foi mudada por ele. Nesse sentido, pode-se dizer que um pedaço dele vive fisicamente. Essa peça são as conexões neurais protegidas dentro de nosso crânio, e essas conexões neurais sobrevivem em forma física mesmo após a morte de um ente querido. Portanto, ele não está inteiramente "lá fora" e também não está inteiramente "aqui dentro". Você não é um nem dois. Isso porque o amor entre duas pessoas, essa propriedade inconfundível, mas geralmente indescritível, ocorre *entre* duas pessoas. Uma vez conhecido o amor, podemos trazê-lo à nossa consciência, podemos senti-lo emergir e emanar de nós. Essa experiência vai além do amor pela carne e pelos ossos da pessoa que um dia conhecemos neste plano terrestre. Agora o amor é um atributo de nós, independentemente de com quem o compartilhamos, independentemente do que nos é dado em troca. É uma experiência transcendente, uma sensação de ser amoroso sem precisar de nada de volta. Nos melhores momentos juntos, aprendemos a amar e a ser amados. Por causa de nossa experiência de união, essa pessoa amada e esse amor fazem parte de nós agora, para usar como acharmos adequado no presente e no futuro.

10
Mapeando o futuro

Numa sexta-feira em 2002, Ben, de dois anos, estava em casa com a mãe, Jeannette Maré, seu irmão mais velho e um amigo. As vias aéreas de Ben incharam e, apesar de todos os esforços, aquela sexta virou, cedo demais, o último dia da vida dele. Jeannette diz que a dor de viver a nova realidade foi indescritível para ela e a família. Eles começaram a trabalhar com argila como forma de lidar com aquilo e, com amigos, criaram centenas de sinos cerâmicos na garagem. No aniversário da morte de Ben, penduraram esses sinos aleatoriamente por toda a cidade de Tucson, com mensagens escritas para levar para casa e repassar a gentileza.

Jeannette diz que percebeu que sobreviver foi possível graças à sua comunidade, seus queridos amigos. Ela queria encontrar uma maneira de transmitir essa gentileza, de ajudar os outros que precisavam disso. Dessa trágica situação, nasceu a Ben's Bells,* uma organização sem fins lucrativos com a missão

* Literalmente, o nome da instituição significa "sinos de Ben". (N. T.)

de "ensinar a indivíduos e comunidades os impactos positivos da gentileza intencional e inspirar as pessoas a praticarem a gentileza como um modo de vida". A Ben's Bells agora ensina programas de gentileza intencional, desde o jardim de infância até a faculdade. O efeito tem sido notável. Passando em qualquer escola em Tucson, vê-se um mural de azulejos verdes que diz: "Seja gentil". Por toda a cidade, carros carregam a assinatura dos adesivos verdes de para-choques em forma de flor com "Seja gentil" escrito no centro. Dar ou receber um dos sinos feitos à mão, encimado por uma flor de cerâmica, é um ato sagrado.

A Ben's Bells tem sido tão impactante porque nasceu de uma verdade muito real que pode acontecer na passagem pelo luto. Nem tudo o que as pessoas disseram a Jeannette foi gentil ou útil. Muitas vezes suas palavras eram dolorosas, mesmo com a melhor das intenções. Eu passo a vida pensando no luto e ainda me encolho de vergonha quando reflito sobre as coisas que já disse a pessoas que estão passando por ele. É difícil saber o que falar, e muitas vezes nos equivocamos.

Jeannette tem um histórico em comunicação, e seu treinamento a ajudou a ver que precisamos falar sobre *como* ser gentis. O que parece "gentil" para uma pessoa de luto requer a consciência de como é passar pelo luto, e Jeannette não evita conversas difíceis, de explicações honestas sobre como é o luto. A pessoa que está passando pelo luto pode estar triste ou irada, e essa é a resposta natural à perda. Para aqueles que a rodeiam, o objetivo não é animá-la, mas *estar* com ela. Jeannette também percebeu que era o que as palavras transmitiam, mais ainda do que as palavras em si, que importava. Ela queria ajudar as pessoas a entenderem que realmente ouvir o que uma pessoa enlutada está sentindo e como ela está naquele dia é importante. Até dizer que você não sabe o que falar, mas que ama a pessoa e vai estar lá com ela durante esse processo, é vulnerável e poderoso. A prática de dar um presente, como um sino, cria uma oportunidade de refletir sobre como dar, como estar presente, como ser gentil. Por causa da experiência de Jeannette com o luto e sua honestidade com sua própria experiência, ela transformou tanto as experiências dolorosas como as de apoio em um programa que permite que todos nós nos beneficiemos da vida de Ben, mesmo sem tê-lo conhecido. A vida de Ben tocou muita, muita gente. Não é a vida que Jeannette imaginou, mas ela vive uma vida restaurada.

Luto e passar pelo luto

Como descrevi na introdução deste livro, sentir luto é diferente de passar pelo luto. Luto é o estado emocional doloroso que naturalmente cresce e diminui, várias e várias vezes. As pessoas podem imaginar que o luto "acabou" quando as ondas acontecem com menos frequência ou intensidade. Em certo sentido, elas têm razão: se o objetivo é sofrer pontadas de luto menos intensas e frequentes, essa redução provavelmente vai acontecer de forma natural ao longo do tempo com a experiência. Por outro lado, se uma pessoa que está passando pelo luto não experimenta a diminuição da intensidade e da frequência ao longo do tempo como esperava, pode começar a ruminar não só sobre a perda, mas também sobre sua reação a ela. Pode começar a se perguntar: será que meu luto é normal? As pessoas estão esperando que eu "supere", e eu não sinto que "superei". Isso quer dizer que vou me sentir assim para sempre? Esse tipo de monitoramento tem o efeito indesejável de manter o luto em primeiro plano na sua mente, o que pode aguçar e prolongar sua reação de luto em vez de permitir que ela se torne gradualmente menos dolorosa com o tempo.

Por outro lado, acho que a maioria dos enlutados espera por algo mais do que apenas uma diminuição na intensidade e na frequência das pontadas de luto quando pensa no "fim" da passagem pelo luto. Restaurar uma vida satisfatória pode ser uma definição melhor, apontando para a adaptação, o que me parece mais preciso do que pensar no "fim" da passagem pelo luto. E uma vida significativa envolve muito mais do que simplesmente o fim das pontadas de luto intensas e frequentes. Se alguém acredita que a única maneira de ter uma vida significativa é estar com a pessoa que morreu, esse objetivo nunca poderá ser alcançado. Em vez disso, pode-se ter de desistir dessa forma específica de alcançar o objetivo de uma vida significativa ao mesmo tempo em que se elaboram outras formas. Sejamos francos, isso é simplesmente difícil.

Você tem mais chances de alcançar seu objetivo se tiver muitas maneiras de considerar sua vida significativa. Isso requer muita coragem e flexibilidade. Requer que seu cérebro aprenda coisas novas, auxiliado por prestar atenção ao que você realmente acha significativo e satisfatório no momento presente. Mas essa mudança também pode levar a uma vida de amor, liberdade e contentamento, embora diferente da que você tinha antes. A passagem pelo luto é a mudança de ter suas necessidades de apego preenchidas por seu ente querido falecido para tê-las preenchidas de forma consistente de outras maneiras. Isso não significa necessariamente que elas tenham de ser preenchidas por outra pessoa. Ter uma vida significativa não é o mesmo que se casar de novo ou ter outro filho. Inclusive, esses relacionamentos podem distraí-lo de perseguir uma vida significativa se atrapalharem a realização do seu objetivo.

Além disso, o que constitui uma vida significativa foi muito provavelmente mudado por sua recente proximidade com a mortalidade. A morte tem uma maneira brutal de nos esclarecer o que é significativo. Essa clareza pode levar à descoberta de que nossas atividades do dia a dia são completamente alheias aos valores que defendemos. Tal percepção é frustrante, deprimente e pode levar a uma grande agitação se estivermos dispostos a mudar nosso dia a dia em busca dos valores recém-descobertos. Talvez estejamos menos dispostos a ouvir uma colega falar sem parar sobre os dramas de sua vida se isso nos parecer falso e sem sentido. Podemos não nos importar tanto com a etiqueta adequada em um evento familiar à luz dos acontecimentos recentes. Essa descoberta do descompasso entre nossos valores e as minúcias do dia a dia pode nos levar a sentir aborrecimento nas situações em que nos encontramos ou nos fazer sentir destemidos para expressar emoções fortes ou perseguir novos objetivos. Mas não vivemos em um vácuo. Não é fácil para nossos entes queridos vivos se ajustarem a essas emoções ou mudanças em nós, e podemos entrar em atrito com eles como resultado de nossa nova consciência e nossas prioridades alteradas. Algumas pessoas que estão passando pelo luto percebem que todas as pessoas em sua lista de contatos mudaram. Durante esse processo, às vezes redefinimos nossa identidade com base no que o cérebro está aprendendo sobre nosso novo mundo e naquilo de que nós gostamos ou que achamos que vale a pena. Se nossa identidade é um círculo sobreposto com alguém que não está mais lá, será que é tão surpreendente mudarmos sem a constante influência da pessoa ou precisarmos redefinir e atualizar nossas buscas e circunstâncias?

Qual é o plano?

A capacidade de imaginar nosso futuro, um futuro novo e desconhecido que já não inclui nosso ente querido falecido, parece usar uma rede cerebral semelhante à usada para lembrar nosso passado. Isso pode parecer estranho, mas o neurocientista cognitivo canadense Edward Tulving mostrou que nossa capacidade de viajar no tempo, tanto para frente como para trás, compartilha algumas características importantes. Como já discutimos nos capítulos anteriores, as lembranças são o que acontece quando nosso cérebro reencena a atividade neural que foi gerada durante o evento original. Isso cria uma percepção do evento, uma memória, com o conhecimento de que ela está sendo lembrada no presente. Imaginar o futuro é também uma recombinação de possíveis pedaços de um episódio com o conhecimento de que eles podem acontecer no futuro. Para que a projeção virtual para o futuro seja plausível, o cérebro depende de coisas que você já experimentou e poderia experimentar novamente, combinando-as de maneiras inovadoras.

Há algum tempo, fui a Las Vegas para comemorar o aniversário de cinquenta anos de um amigo. Lembro como era meu quarto de hotel e consigo imaginar-me caminhando da janela, passando pela cama, até o grande banheiro. Lembro o sabor incrível de uma batida que tomei e o espetáculo visual de um show do Cirque du Soleil a que assistimos. Lembro o que usei no jantar de aniversário do meu amigo e o ato de tirar aquelas roupas da mala no quarto do hotel. Isso me ajuda a imaginar uma viagem de férias em potencial que eu gostaria de fazer no futuro. Posso considerar que tamanho de quarto de hotel eu gostaria de reservar e se eu gostaria de uma janela de frente para o centro da cidade. Talvez eu faça uma reserva para um restaurante que sirva batidas cremosas. Posso pensar em quais shows eu gostaria de ver e antecipar o que meus amigos também acharão divertido, como espetáculos visuais em vez de cantores de música ambiente. Ao planejar a mala, talvez eu experimente mentalmente várias roupas e considere o que seria adequado para o clima, a estação do ano e as atividades que farei. Pensando dessa forma, dá para ver as semelhanças no processo de lembrar uma memória e imaginar um evento no futuro.

Os neurocientistas descobriram duas evidências convincentes para a ideia de que a retrospecção e a prospecção compartilham uma máquina neural. Primeiro, quando o cérebro de alguém é examinado por ressonância enquanto a pessoa está lembrando seu passado e imaginando seu futuro, há uma sobreposição significativa nas regiões usadas para essas duas funções mentais. Em segundo lugar, quando as pessoas têm dificuldade de lembrar acontecimentos do passado, elas também tendem a ter dificuldade de imaginar o futuro e o que podem fazer.

Entender como o cérebro funciona sem regiões cerebrais importantes intactas pode nos ensinar como o cérebro funciona em pessoas com memória normal também. Tulving estudou um famoso paciente chamado K. C., que tinha um déficit na capacidade de pensamento autobiográfico tanto passado como futuro. K. C. tinha sofrido uma lesão na cabeça em um acidente de motocicleta, que teve consequências muito específicas para seu funcionamento mental. Ele reteve sua inteligência, sua capacidade de desviar a atenção e suas habilidades linguísticas. Ele tinha uma memória normal de curto prazo, o que significava que conseguia se lembrar de algo que lhe fora mostrado recentemente. Seu conhecimento geral do mundo, a forma de conhecimento chamada conhecimento semântico, também era bom. Ele conseguia identificar um carro que possuía, sua casa de infância e membros da família. Entretanto, não conseguia se lembrar de uma única experiência associada a nenhum desses itens ou pessoas. Ele sabia que pertenciam a ele sem conseguir descrever nenhuma memória que os incluísse. Tulving também avaliou a capacidade de K. C. de considerar seu futuro. Se ele perguntava o que K. C. faria amanhã, K. C. não era capaz de responder à pergunta. Ele relatava que não sabia e descrevia a mente como vazia, semelhante à forma como ficava quando tentou pensar em acontecimentos de seu passado. Lembrar o passado e imaginar o futuro usam a mesma maquinaria neural, e esse aspecto do cérebro de K. C. foi danificado, levando a déficits em sua capacidade de fazer as duas coisas.

Parte do passado, parte do futuro

A capacidade de lembrar o passado e de imaginar o futuro tem aplicação específica para pessoas com luto complicado. Quando os psicólogos de Harvard Don Robinaugh e Richard McNally testaram a capacidade das pessoas enlutadas de lembrar memórias pessoais, descobriram que aquelas que têm mais dificuldades com o luto também têm dificuldade de lembrar detalhes específicos sobre seu próprio passado, a menos que as memórias incluam a pessoa amada falecida. Da mesma forma, elas têm dificuldade de imaginar detalhes de eventos futuros, a menos que imaginem um futuro contrafactual com acontecimentos como se o falecido ainda estivesse vivo.

Para determinar isso, Robinaugh e McNally pediram a um grupo de pessoas enlutadas que estavam se ajustando com resiliência e um grupo com luto complicado que lembrassem quatro situações com o máximo de detalhes possíveis. Eles explicaram aos participantes a diferença entre recordar eventos mais gerais e episódios autobiográficos específicos. Eventos gerais incluiriam aqueles que ocorreram durante um longo período, como o verão depois do Ensino Médio; eventos que ocorreram regularmente, como a aula de biologia do colégio; e conhecimento geral sobre o passado, como o nome da própria escola. Memórias episódicas específicas incluiriam detalhes sobre um evento como a cerimônia de formatura do Ensino Médio. Esses diferentes tipos de memória são armazenados de forma diferente no cérebro. A cada participante foi pedido para lembrar ou imaginar um evento em resposta a sinais como sucesso, alegria, dor ou tristeza — metade deles com o falecido e a outra metade sem. As pessoas que estavam se ajustando com resiliência não mostraram diferença entre a capacidade de gerar uma memória específica para o passado ou imaginar um evento no futuro, independentemente de o evento incluir ou não o falecido. Aquelas com luto complicado, entretanto, geravam menos eventos específicos lembrados ou imaginados se não incluíssem o falecido.

Robinaugh e McNally também testaram a memória de trabalho dos participantes. Essa capacidade de manter as coisas em mente é necessária tanto para lembrar como para imaginar. Pessoas com luto complicado são mais propensas a se lembrar de eventos específicos com o falecido porque, se essa pessoa tem estado muito em sua mente, são essas as memórias que são relatadas após a pergunta. Quando se pede para pensar em um momento sem o falecido, pode ser necessário um grande esforço para chegar a algum que não o tenha incluído. E o teste de memória de trabalho corroborou isso. O menor número de lembranças específicas sem o falecido foi gerado por aqueles com luto complicado e memória de trabalho mais pobre, presumivelmente porque chegar a lembranças que não incluem o falecido requer mais esforço deles.

Por que aqueles com luto complicado teriam mais lembranças com o falecido e, ainda mais estranho, por que é mais fácil imaginar acontecimentos futuros com essa pessoa? Há pelo menos duas razões possíveis. Uma é que, se estamos frequentemente ruminando sobre o falecido, os ingredientes que constituem uma memória têm mais probabilidade de incluí-lo e, portanto, de ser acessíveis quando nos é pedido para relatar algo. A outra razão é que, se nossa própria identidade se sobrepõe à do falecido, como pensarmos em nós mesmos como "esposa", é mais provável que nos imaginarmos no passado ou no futuro inclua também a pessoa falecida. Se a própria natureza do nosso eu implica termos um marido, então nos imaginarmos no futuro também o traz automaticamente. E é fácil entender por que nos sentiríamos como se parte do nosso eu estivesse faltando após a morte do marido se nossa identidade integra "esposa" como parte do "eu". Por outro lado, se temos muitos aspectos de nossa identidade que não estão relacionados ao falecido, tais como "irmã" ou "supervisor", então é igualmente provável que os acontecimentos que nos vêm à mente não o incluam.

Restauração

A restauração de uma vida significativa é metade do modelo de processo dual de lidar com o luto. Para restaurar uma vida significativa, temos de ser capazes de imaginar essa vida. A incapacidade de gerar possíveis acontecimentos futuros está no cerne da desesperança. Temos de ser capazes de imaginar o futuro o suficiente para, pelo menos, fazer planos, mesmo que apenas para o próximo fim de semana. Ouço frequentemente de adultos mais velhos viúvos que as noites e os fins de semana são os piores momentos, quando se sentem mais solitários, porque todos os outros têm coisas para fazer e companhias.

Se passar pelo luto é um tipo de aprendizado, isso significa que podemos aprender no sábado e no domingo o quão bom nosso planejamento para o fim de semana foi. Podemos avaliar se realmente gostamos de nossos planos e os achamos significativos, se eles permitiram uma semana produtiva depois. Enquanto estamos enlutados, é um processo de tentativa e erro. Fazemos um plano, mas não conseguimos imaginar inteiramente como ele será agora que estamos viúvos ou órfãos e nos sentimos distantes das pessoas ao nosso redor. Felizmente, temos experiência de vida e alguma intuição. Não, eu não quero ficar em um show de rock até altas horas da manhã. Sim, preciso ver alguém durante o fim de semana para não me sentir muito só e deprimido. Mas será que isso significa fazer uma viagem de carro para ver um conhecido? Ou prefiro passar um tempo com um amigo tomando um café? Essas escolhas podem ser menos claras. No entanto, se fizermos um plano e o executarmos apesar de nossa incerteza, receberemos uma resposta. Enquanto eu estava passando pelo luto, aprendi que era melhor fazer compras de mercado logo no sábado de manhã, porque geralmente eu tinha muito pouca motivação para fazer isso, além de pouco apetite, e, se deixasse a tarefa para depois, acabaria comendo cereal a semana toda.

A restauração é ainda mais importante quando se imagina o próximo período de festas de fim de ano. É um momento notoriamente difícil para as pessoas que estão passando pelo luto, porque a natureza ritual dos eventos festivos traz à mente lembranças, e a natureza social enfatiza a ausência daqueles com quem costumávamos celebrar. Planejar as festas significa que você deve se imaginar sem seu ente querido, e muitos que estão passando pelo luto evitam até pensar em planos para o fim do ano. Minha mãe morreu em 31 de dezembro, e meus sogros maravilhosos convidaram minha irmã, meu pai e eu para passar o Natal seguinte com eles no Texas. Nenhum de nós conseguia imaginar como seria exatamente, mas pensamos que queríamos estar em um lugar com menos lembranças, pelo menos no primeiro ano. (O primeiro ano, em particular, é cheio de muita tentativa e erro.) Nesse caso, ir à casa dos meus sogros foi uma boa escolha para minha família. A chave é descobrir o que funcionou e o que não funcionou, para que esse conhecimento possa ser aplicado na próxima temporada de festas. E na próxima, e na próxima, porque elas continuarão a acontecer, ano após ano. É claro que também é preciso ter em mente que a forma como você está se saindo no primeiro ano do processo de luto, e sua família também, é diferente do segundo ano, e as mesmas regras podem não se aplicar. A boa notícia é que, se estivermos prestando atenção ao presente, lembrando o ano passado e planejando intencionalmente, podemos melhorar em ter festas e novas experiências significativas — não necessariamente sempre alegres, mas pelo menos significativas. Mesmo que tudo isso acabe sendo menos agradável do que você esperava, havia uma razão, uma intenção por trás do que você fez — você está tentando; você está no mundo, aprendendo a carregar a outra pessoa dentro de si; aprendendo a ouvir os outros, não apenas as vozes em sua cabeça; e está criando novas memórias, testando novas experiências (e sobrevivendo).

O futuro de nosso relacionamento

Vivemos nosso futuro transformado a cada dia, e nossa identidade muda à medida que sobrevivemos e, por fim, prosperamos após nossa experiência de luto. É possível, então, que nossa relação com nosso ente querido falecido também mude? Por mais de uma década após sua morte, eu diria que meu relacionamento com minha mãe permaneceu quase o mesmo. Eu me sentia, em momentos alternados, esmagadoramente culpada por não ser uma filha melhor e por não ajudá-la a se sentir melhor no dia a dia, irritada com a maneira como ela me criou e deprimida com o que tudo isso significava para a forma como minha vida iria se desenrolar. Eu pensava em mim como um produto dos genes dela, de sua criação controladora e de minha necessidade implacável de resolver o sofrimento de todos. É preciso grande habilidade para administrar reações emocionais fortes, e, em meus vinte e trinta e poucos anos, eu não tinha essas habilidades. Então, por muito tempo, esses sentimentos diminuíram de intensidade, embora eu diria que eles continuaram a informar como eu via o mundo.

Eu observava meus amigos que também chegavam aos quarenta anos, e, para alguns deles, tornar-se profissional, tornar-se mãe ou pai e ganhar experiência de vida mudou a relação com a mãe viva. Vi meus amigos se tornarem mais compassivos com os humores e as idiossincrasias de suas mães. Eu os vi se tornarem mais gratos pelos sacrifícios que as mães fizeram para lhes dar uma educação, autoestima ou um lar estável. Pela primeira vez, experimentei o luto de uma nova maneira — isso era algo que eu jamais teria com minha mãe. Nunca poderíamos ter um relacionamento transformado, como duas mulheres adultas. O fim da vida dela tirou essa oportunidade, uma perda do nosso relacionamento potencial que eu nunca poderia ter previsto quando estava na casa dos vinte e poucos anos. De repente, o alívio que eu havia experimentado por causa de sua morte, porque eu não tinha mais de lidar com as interações difíceis que ela criou em minha vida, foi substituído pelo luto pelo que poderia ter sido.

Percebi que, junto com o novo luto, eu também estava mais grata pelas coisas que minha mãe tinha me dado. Não havia como eu ter sobrevivido à academia se minha mãe não tivesse insistido na disciplina de praticar piano todos os dias e ver a melhoria em longo prazo que vem do trabalho árduo incremental. Eu não teria navegado tão bem no mundo social sem ter sido treinada nos padrões culturais de cartões de agradecimento, calçados apropriados e como fazer conversa fiada, apesar do fato de desprezar esse treinamento. Percebi que minha mãe estava interessada em qualquer habilidade que pudesse me dar uma vantagem neste mundo, e ela estava disposta a fazer sacrifícios para garantir que eu as aprendesse. Pensei mais sobre seus princípios feministas, que incutiram em minha irmã e em mim a ideia de que poderíamos alcançar qualquer coisa a que nos propuséssemos. Pensei na sua capacidade de nos dar toda a sua atenção e de falar conosco como seres curiosos e inteligentes até mesmo quando crianças, enquanto outros pais nem sempre pareciam demonstrar esse mesmo nível de interesse. De repente, fui capaz de me lembrar com carinho de memórias específicas há muito esquecidas de seu afeto físico por mim quando pequena, embora eu tenha me afastado dessas interações quando adolescente e jovem adulta.

De alguma forma, passei a acreditar que, se ela não estivesse mais limitada por sua forma humana, neste plano mundano, seria a melhor parte de si mesma o tempo todo. Em algum momento, pareceu-me que eu poderia levar adiante esses melhores aspectos dela em minha própria vida. Não é que eu não tivesse sentido luto por ela antes, que eu tivesse negado meus sentimentos e que eles estivessem surgindo agora. Mas, justamente, quando envelheci, o modelo de processo dual de lidar com o luto continuou a ser aplicado. Enquanto sentia tristeza por sua ausência naquela nova parte de minha vida, continuei a me adaptar à sua morte e a aprender como restaurar uma vida significativa. Meu relacionamento com ela, no presente e no passado, foi transformado quando me concentrei em todo o bem que ela queria para mim apesar de todas as dificuldades que tivemos ao longo de nosso relacionamento.

Nossa compreensão de nós mesmos muda à medida que ganhamos sabedoria por meio da experiência. Nossas relações com nossos entes queridos vivos podem ficar mais compassivas e ressonantes de gratidão à medida que envelhecemos. Também podemos permitir que nossas interações com nossos entes queridos que se foram cresçam e mudem, mesmo que apenas em nossa mente. Essa transformação de nosso relacionamento pode afetar nossa capacidade de viver plenamente no presente e de criar aspirações para um futuro significativo. Também pode nos ajudar a nos sentirmos mais conectados com eles, com as melhores partes deles. Pode permitir que nos tornemos a melhor filha, filho, amigo, amiga, cônjuge, pai ou mãe que eles teriam querido que fôssemos se tivessem vivido para ver isso. Nosso amor por eles ainda está lá, mas precisamos encontrar uma maneira diferente de expressá-lo, uma saída diferente para nosso amor por eles. Embora eles não possam mais se beneficiar diretamente de nossa bondade e cuidado, sua ausência do nosso mundo físico não faz com que nossa relação com eles seja menos valiosa.

Novos papéis, novos relacionamentos

A restauração de uma vida significativa muitas vezes envolve desenvolver um novo relacionamento ou fortalecer um vínculo com alguém que já conhecemos. Trazer alguém novo à sua vida pode levar a uma erupção de luto, mesmo depois de um período de relativa calma. No gozo de um novo relacionamento, a simples presença da nova pessoa pode ser um lembrete da ausência de seu ente querido falecido. Isso requer tempo e gentileza consigo mesmo, e é preciso lembrar que a nova pessoa que você ama agora e a que você amou antes não são a mesma pessoa. Ter uma relação amorosa e solidária não significa esquecer ou rejeitar aquela que veio antes. Um novo relacionamento é cheio de coisas novas a serem aprendidas, e muitos ajustes têm de ser feitos para estar presente no relacionamento atual e não viver na realidade virtual do relacionamento anterior. Para aqueles que estão apoiando alguém que está passando pelo luto, há um benefício real em ouvir e oferecer encorajamento, sem julgar quando é "normal" desenvolver novos relacionamentos.

Uma razão pela qual podemos questionar um novo relacionamento não tem nada a ver com o fato de ele ser bom para nós, ou gratificante, ou agradável. Os psicólogos Amos Tversky e Daniel Kahneman (ganhador de um Prêmio Nobel em Ciências Econômicas em 2002) demonstraram que os seres humanos consideram as perdas duas vezes mais poderosas do que os ganhos. É algo chamado de aversão às perdas, e, embora eu não o tenha visto aplicado ao contexto do luto, acho que o conceito pode nos ajudar a entender a experiência comum de ter dúvidas sobre um novo relacionamento. Se decidirmos que estamos prontos para namorar, por exemplo, ou para fazer uma viagem com um amigo recente, o tempo passado com a nova pessoa pode não ser muito satisfatório. Ou, mais precisamente, pode não ser tão satisfatório quanto o tempo que passamos com nosso ente querido falecido. Talvez não nos sintamos tão bem quanto esperávamos. Esperamos nos sentir bem porque estamos explorando um novo relacionamento, e um novo relacionamento deve ser divertido e excitante. Podemos esperar sentir menos tristeza, porque escolhemos fazer algo novo após um período de luto. No entanto, note a expectativa significativamente alta dessas duas proposições. Se as perdas são psicologicamente duas vezes mais poderosas que os ganhos, teríamos de nos sentir duas vezes melhor em um novo relacionamento do que em nosso relacionamento anterior a fim de sentir o mesmo nível de felicidade. Começar um novo relacionamento simplesmente não vai preencher o buraco que existe. Esta é a chave — o objetivo de novos papéis e novos relacionamentos não é preencher o buraco. Esperar que eles façam isso só pode levar à decepção.

A questão é que, se estamos vivendo no presente, precisamos ter alguém que nos ame e cuide de nós, e precisamos de alguém para amar e de quem cuidar também. A única maneira de desfrutar de um relacionamento gratificante no futuro, no entanto, é começar um no presente. Se conseguimos imaginar um futuro no qual sejamos amados, então devemos iniciar um relacionamento que acabe se tornando importante para nós de uma forma diferente de nosso relacionamento anterior, mas gratificante e sustentável. É por isso que as relações de apego com nossos entes queridos são diferentes de outras relações sociais. Se nosso chefe pedir demissão ou se não virmos mais um professor após o término de uma disciplina, haverá outra pessoa que pode preencher esse papel. Compartilhamos um profundo compromisso com nosso cônjuge, nosso filho, nosso pai, nosso melhor amigo. Se uma figura de apego é perdida, a grande confiança investida nessa pessoa durante muitos anos, e muitas aventuras compartilhadas, é perdida também. Não haverá outra pessoa disponível que possa facilmente preencher esse papel. É preciso fazer outra vez um grande investimento. A fim de desenvolver outro elo forte, uma grande confiança deve ser construída ao longo do tempo e de experiências compartilhadas. Mas isso só acontecerá se começarmos agora.

Sair do ninho

Esse aspecto de adaptação tardia ao luto poderia ser comparado a outro período da vida em que é normal a transição de uma relação importante para outra. Quando adolescentes, devemos aprender a confiar menos em nossos pais, a sair e explorar o mundo para encontrar um novo relacionamento. Procuramos um parceiro que se torne a pessoa central em nossa vida, a pessoa que atenda às nossas necessidades de apego. A maioria de nós reconhece que, embora seja uma experiência normal e necessária, sair do ninho também é extremamente estressante. Diferentes pessoas levam diferentes tempos para se libertar com sucesso dos pais, e esse período pode ser repleto de perigos e contratempos. Embora seja um processo normal, não obstante estressante, pode também ocorrer concomitantemente com complicações de saúde mental, tais como depressão, uso excessivo de drogas, ansiedade e, até mesmo, pensamentos suicidas. Como sair de casa, o luto é um processo normal que é difícil e também um momento propício para que surjam problemas de saúde mental, questões que podem precisar de ajuda profissional. De muitas maneiras, penso na transição de pais carinhosos para um parceiro romântico como semelhante ao necessário reencontro que acontece quando uma pessoa enlutada encontra um novo interesse amoroso ou um novo melhor amigo após a morte de um cônjuge.

Há algumas diferenças importantes, claro. Quando estamos saindo de casa, a maioria de nossos pares está passando pela mesma transição e, por isso, temos um apoio embutido entre nossos amigos. A saída de casa também é bastante previsível em termos da fase aproximada em que ocorrerá. Muitos sistemas sociais existem para ajudar nessa transição, de dormitórios das faculdades a treinamento básico no Exército até o ano passado em missão em algumas tradições religiosas. Em contraste, a morte de um cônjuge acontece apenas com algumas pessoas e pode vir a qualquer momento da vida. Também em nosso corpo, a chegada da maturidade e a saída de casa coincidem com um período de transição específico. Os hormônios que nos motivam a assumir riscos, a explorar o mundo e a ter relações sexuais estão em pleno vigor. Como o luto frequentemente ocorre em idades mais avançadas, devemos buscar novos relacionamentos e novos papéis sem o benefício de altos níveis de hormônios motivadores devido ao envelhecimento normal.

Uma última diferença é que sair de casa não significa que seus pais desaparecem de sua vida. Nossos pais conservam um papel importante depois disso. Às vezes, chamamos isso de hierarquia de apego, na qual por vezes um cônjuge pode tornar-se a figura mais central no topo de nossa pirâmide de entes queridos, mas os pais muitas vezes ainda estão presentes e nos oferecem importantes fontes de conforto em níveis inferiores da hierarquia. Em vez de pensar em um buraco criado na pirâmide quando um ente querido morre, uma maneira diferente de conceituar o luto é que um vínculo contínuo, a representação mental de nosso ente querido falecido, ainda pode aparecer na hierarquia. Como a pessoa falecida não é capaz de satisfazer nossas necessidades de apego terreno, entretanto, nossa relação com outra pessoa, ou com outras pessoas, aumenta em importância. Permitir que alguém novo se torne importante é bom e saudável, e manter um vínculo mental ou espiritual com nosso ente querido falecido também pode continuar em um nível diferente da pirâmide.

Ao explicar quem é uma figura de apego, costumo fazer duas perguntas. Primeiro, essa pessoa me acha especial e eu a acho especial em comparação com outras pessoas no mundo? Segundo, confio que essa pessoa estaria presente se eu precisasse dela e que eu faria o mesmo esforço se ela precisasse de mim? Se a resposta é sim a essas duas perguntas, independentemente do papel social da pessoa, então é provável que as necessidades de apego estejam sendo atendidas. Pode ser um vizinho, um irmão, uma secretária, um animal de estimação ou um parceiro amoroso. Do que a sociedade os chama é muito menos importante do que o papel que eles desempenham em sua vida.

Quando você começou a amá-los?

Nossos entes queridos não estarem conosco é uma continuação de sua presença, assim como a exalação é uma continuação da inalação. O fato de eles não estarem aqui nos afeta, afeta nossa vida, nossas decisões, nossos valores, tanto quanto sua presença. Suspender a respiração não é o mesmo que nunca ter respirado. Portanto, do mesmo modo, sua vida na ausência do amado após a morte dele não é a mesma que teria sido se ele nunca tivesse vivido. Às vezes pergunto: quando começou seu relacionamento? Foi quando você se casou? Quando vocês se beijaram pela primeira vez? Quando se viram pela primeira vez? Da mesma forma, quando essa pessoa deixa de fazer parte de nós? Quando está fora de nossa vista? Quando morre? Quando a enterramos? Quando amamos outras pessoas? Quando nos afastamos da casa que compartilhamos? Tudo isso faz parte de conhecê-la, de sermos afetados por ela e de amá-la, e nunca termina.

Por mais importante que seja estudar aqueles que estão tendo a maior dificuldade de adaptação à vida após a perda, pode haver muito a ganhar estudando as pessoas que criaram uma vida bela, significativa e amorosa após terríveis perdas. Embora essa resiliência ainda não tenha sido objeto de investigação em neurociência, em psicologia ela é chamada de crescimento pós-traumático. As pessoas que experimentaram um enorme crescimento têm muito a nos ensinar, e seu cérebro pode ter um papel importante, desde como elas processam as lembranças de seu ente querido até a forma como se tornam amorosas, compassivas e eficazes em sua vida atual.

11
Ensinando o que você aprendeu

Agora, você sabe que passar pelo luto é uma forma de aprendizado. O luto agudo insiste que aprendamos novos hábitos, já que os antigos automaticamente envolviam nosso ente querido. Cada dia após a morte dele, nosso cérebro é mudado por nossa nova realidade, assim como os neurônios de roedores tiveram de aprender a parar de disparar quando a torre azul de LEGO foi removida da caixa. Nosso pequeno computador cinzento tem de atualizar suas previsões, já que não podemos mais esperar que nosso ente querido chegue em casa do trabalho às seis da tarde ou atenda ao celular quando ligamos para dar notícias. Aprendemos que nosso ente querido não existe nas três dimensões de *aqui*, *agora* e *perto* que estamos esperando. Achamos novas formas de expressar nossos vínculos contínuos, transformando o que significa *perto*, porque, embora nosso ente querido permaneça na epigenética de nosso DNA e em nossas memórias, não podemos mais expressar o amor por ele no mundo físico nem procurar seu toque reconfortante.

Embora ainda possamos falar com ele e viver de maneiras que o deixem orgulhoso, devemos fazer essas coisas ainda conscientes de que estamos no momento presente. Em vez de imaginarmos uma alternativa e uma realidade de *e se*, devemos aprender a estar conectados a ele com os pés firmemente plantados no presente. Essa relação transformada é dinâmica, está em constante mudança, da mesma forma que qualquer relação amorosa muda ao longo de meses e anos. Nosso relacionamento com nosso amado falecido deve refletir quem somos agora, com a experiência, e talvez até mesmo a sabedoria, que adquirimos pelo luto. Devemos aprender a restaurar uma vida significativa.

Quando digo que o luto é um tipo de aprendizagem, não me refiro a aprender algo fácil. Não é como dominar uma habilidade específica, como andar de bicicleta, aprender a manter o equilíbrio e usar os freios. Esse tipo de aprendizagem é como viajar para um planeta alienígena e aprender que o ar não é respirável e, portanto, é preciso lembrar-se de usar oxigênio o tempo todo. Ou que o dia tem 32 horas, mesmo que seu corpo continue operando como se tivesse 24. O luto muda as regras do jogo, regras que você pensava conhecer e que estava usando até aqui.

Como o cérebro é projetado para aprender, pensar no luto a partir da perspectiva dele pode nos ajudar a entender por que e como o luto acontece. O cérebro tem múltiplas correntes de informação que podemos trazer à consciência. Podemos experimentar o anseio por nosso ente querido, o desejo de procurá-lo, a crença de que ele retornará. Isso foi enraizado em nós pela evolução, pela epigenética, pelo hábito de estarmos juntos. Também temos lembranças da pessoa falecida, lembranças de sua morte ou de receber a notícia de sua morte, lembranças de todos os acontecimentos do primeiro ano de luto, a primeira vez que fizemos cada coisa na ausência dela. Podemos trazê-las à mente também. Por fim, podemos trazer nossa atenção para o momento presente, que pode ser muito vibrante e cheio de possibilidades. Podemos descansar neste momento, só neste. Nada mais. Quando nos damos um segundo de descanso e damos ao nosso cérebro a oportunidade de praticar o que é estar simplesmente atento ao nosso ambiente, esse estado de espírito particular ou padrão de conexões neurais pode ser alcançado a qualquer momento, em qualquer lugar. Esse estado de consciência não é melhor do que os devaneios de memórias carinhosas ou o estado de anseio que exemplifica nosso vínculo. Mas a habilidade de mudar quando precisamos de uma pausa, mesmo que apenas por um instante, pode nos ajudar a aguentar a realidade insuportável da perda. Se nos presentearmos com este momento, podemos encontrar oportunidades no presente até quando menos esperamos. Se estivermos conscientes do presente e conseguirmos reconhecer seu valor, essa oportunidade de conexão ou alegria não passará por nós sem que a notemos.

O que a ciência sabe sobre a aprendizagem

Décadas de pesquisa psicológica nos deram insights sobre como o cérebro aprende, e podemos aplicá-los ao processo de luto. Os psicólogos definiram a aprendizagem como "o processo pelo qual surgem mudanças no comportamento como resultado de experiências interagindo com o mundo".[1] Embora a capacidade de aprendizagem e o funcionamento cognitivo cubram uma ampla gama de habilidades, mesmo dentro da população normal, podemos dizer, em termos mais amplos, que a aprendizagem melhora nossa capacidade de adaptação. O grande diferencial da aprendizagem é que ela é uma capacidade, e podemos aumentar a nossa. Nosso cérebro tem uma plasticidade que podemos aproveitar para aprender. A psicóloga Carol Dweck chama isso de mentalidade de crescimento.[2] Todos nós temos diferentes capacidades cognitivas, mas mesmo assim temos a oportunidade de aprender. Aqueles com muito pouco conhecimento prévio podem ser expostos a novas informações ou à educação para o luto. Aqueles que têm um transtorno de luto podem receber feedback em psicoterapia sobre como a ruminação e a evitação podem estar afetando sua capacidade de aprender. Como amigos próximos e familiares, podemos dar às pessoas que estão passando pelo luto a oportunidade, o espaço, a gentileza e o incentivo de que precisam para praticar novas formas de vida e colocar em prática novas ideias.

Uma chave para uma mentalidade de crescimento é tentar novas estratégias quando nos sentimos paralisados, quando achamos que não estamos aprendendo nada de novo sobre nossa experiência de perda. Inicialmente, no luto agudo, estamos apenas tentando nos levantar, colocar um pé na frente do outro e esperar que esses pés estejam usando sapatos iguais. Com o passar do tempo, ficar paralisado muitas vezes faz parecer que estamos apenas no piloto automático. Ficar paralisado significa que não conseguimos ser criativos, ou sentir amor, ou ajudar os outros. Novas estratégias para aprender durante esse ponto posterior do luto significam ter um repertório, um conjunto de ferramentas para testar quando nos sentimos sobrecarregados por pontadas de luto ou pela nova e estressante realidade que estamos vivendo. Podemos procurar essas ferramentas em outros que nos precederam.

O luto é tão antigo quanto as relações humanas, e essa universalidade nos conecta com nossos antepassados e com nossa comunidade atual. Extrapolando a partir do que Dweck escreve, se você se vir dizendo "Eu não consigo me adaptar à vida após a perda", tente acrescentar "ainda" ao final dessa frase. A frustração de tentar aprender sobre seu novo mundo e o desespero de nunca restaurar a vida são sentimentos criados enquanto seu cérebro está crescendo e se transformando. Seu cérebro está organizando o que funciona e o que não funciona. Se você se sente como se estivesse em areia movediça, mal conseguindo evitar afundar, é hora de tentar algumas novas abordagens para suas memórias, suas emoções e seus relacionamentos. Aprender como outros restauraram uma vida significativa pode proporcionar coisas novas para testar. Seu pastor, sua avó, seu escritor ou blogueiro favorito, um psicólogo — consulte-se com alguém novo, com quem você ainda não tenha conversado sobre sua experiência pessoal de luto. Escolha alguém que tenha tido experiência com o luto. Pergunte o que essa pessoa fez para lidar com o luto, ou, mais provavelmente, o que ainda faz. Experimente essas novas abordagens, experimente o que funcionou para ela, mesmo que você se sinta tolo, e depois preste atenção ao que funciona, ao que realmente o faz sentir-se melhor no momento presente. Mesmo que nenhuma de suas ideias funcione, você talvez pelo menos se sinta mais ligado a alguém, mais ligado à humanidade. E, como a conexão é parte do que está faltando em uma vida de luto, ela traz oportunidades.

Introdução ao luto

Eu ensino o que aprendi sobre o luto em uma aula de Psicologia da Morte e Perda, aos alunos de graduação em seu terceiro ou quarto ano. Adoro dar essas aulas, e, segundo me relatam, os alunos adoram assistir. Isso pode surpreendê-lo, já que morte e perda talvez não pareçam assuntos sobre os quais um jovem vá escolher passar dezesseis semanas pensando, falando, lendo e escrevendo. Quanto a mim, um aluno uma vez me disse que eu era "feliz demais" para estar ministrando um curso desses. Talvez eles esperem que eu pareça deprimida ou que use preto o tempo todo, e o simples fato de eu parecer confortável no estrado, falando sobre a morte, os choque um pouco. Eu não douro a pílula quando estou ensinando, e mais de uma vez fiquei com os olhos cheios d'água ao falar da morte de uma criança ou de um genocídio, e eles provavelmente ouvem as palavras *morte* e *morrer* mais durante um semestre em minha disciplina do que no resto de sua carreira universitária.

Mas nossas conversas se aprofundam nas coisas reais da vida, e os jovens estão aflitos para falar sobre essas coisas, procurando por respostas. Fico animada para entrar na sala de conferências com 150 carteiras de madeira, e nunca sei bem aonde a conversa vai levar. Esses universitários sempre me surpreendem com o quanto já experimentaram de vida e morte. Um número perturbador deles tem algum amigo que se suicidou. Muitos ajudaram a cuidar de parentes idosos e tiveram alguém sob cuidados paliativos em casa. Alguns deles trabalharam como voluntários de apoio ao luto para crianças ou foram treinados como técnicos de emergência médica.

Discutimos como é o luto agudo, e mais de um estudante compartilhou que a única vez que viu o pai chorar foi após a morte de um familiar. Aplicamos informações sobre o desenvolvimento cognitivo de uma criança para entender como a compreensão da natureza abstrata da morte muda à medida que ela cresce. Eu os ensino a ter uma conversa com um amigo que talvez esteja pensando em suicídio, e mostro o que fazer se ele de fato estiver. Durante o feriado de Ação de Graças, eles levam para casa os formulários para criar um testamento em vida para seus pais, avós ou para si mesmos, e praticamos perguntar aos familiares o que é importante para eles em relação aos cuidados no final da vida.

Após o tiroteio em um show em Las Vegas em 2017, uma aluna perguntou se poderíamos falar sobre isso em sala de aula. Em seguida, falou para todo mundo que estava aterrorizada. Vários dos estudantes tinham amigos que haviam assistido ao show, e eu sabia que precisaria cancelar minha aula daquele dia. Em vez disso, conversamos sobre a experiência deles, como era o medo da morte para eles no mundo moderno e como poderiam administrar seu terror, em parte focando também as pessoas que agiram com um incrível heroísmo.

Uma das minhas discussões favoritas é um experimento mental que fazemos no último dia de aula. Eu levo a notícia fresquinha de que a ciência médica acaba de criar um comprimido que podemos tomar para viver para sempre. Então pergunto o que mudaria para eles se fossem imortais. O que fariam de diferente com sua vida? Consideramos uma série de variações — nessa realidade alternativa, será que as pessoas ainda ficariam doentes ou envelheceriam? Mas são apenas detalhes. As respostas mais importantes são sobre como isso mudaria seus planos. Alguns deles me dizem que abandonariam a faculdade, porque poderiam obter um diploma a qualquer momento. Outros falam que tirariam vários diplomas, já que tinham tempo e muitos interesses. Uma grande discussão gira em torno de se eles teriam mais ou menos probabilidade de ter filhos. Será que gostariam de conhecer todas as pessoas do mundo, já que eles têm tempo? O que isso significaria para os governos, para as negociações de paz, para a ajuda internacional?

À medida que a conversa bastante agitada se desenrola, eu chamo a atenção deles para as implicações surpreendentes. O que eles fazem com sua vida está intimamente ligado à sua mortalidade. A natureza finita de nossa vida afeta o que fazemos, o que valorizamos, como nos comportamos. Embora eles nunca incluam explicitamente em suas decisões e escolhas o fato de que a vida tem tempo limitado e duração desconhecida, ver em nosso experimento mental como uma mudança nessa realidade afeta o que eles fariam coloca em perspectiva o fato de que a morte nos afeta todos os dias. A morte acrescenta sentido à vida, porque a vida é um dom limitado. Termino lendo para eles uma citação do grande mestre zen Dōgen: "A vida e a morte são de suprema importância. O tempo passa rapidamente e a oportunidade se vai. Cada um de nós deve se esforçar para despertar. Despertai! Preste atenção, não desperdice sua vida".

Não se aprende por meio de conselhos

O que ensino, entretanto, não é um conselho sobre o que fazer. Também não acho que outras pessoas possam dar conselhos a alguém que esteja passando pelo luto. Pode surpreendê-lo ouvir isso de um psicólogo clínico — mas os insights simplesmente não funcionam assim. Outras pessoas não podem nos dizer como será o luto para nós. Na verdade, acho que é exatamente por causa dos conselhos que quem está passando pelo luto afasta aqueles que gostariam de ajudar. Cada um é especialista em seu próprio luto, em sua própria vida, em seus próprios relacionamentos. Como cientista, sou especialista em luto em geral, na média. Posso revelar às pessoas muitas maneiras de pensar sobre o assunto. Posso exibir evidências científicas demostrando que, embora historicamente pensássemos que o luto funcionava em etapas, agora sabemos que não é assim. Posso explicar os conceitos que guiam a psicoterapia para aqueles que têm transtorno de luto ou as ideias comuns sobre perda e luto em que as pessoas ficam presas. Posso mostrar-lhes como o luto é parecido com a aprendizagem e explicar o que ajuda ou prejudica nossa capacidade de aprender. Sendo uma semelhante, posso compartilhar as coisas pessoais que fiz em momentos em que fiquei sobrecarregada pelo luto ou momentos em que não fiquei nada sobrecarregada e me senti estigmatizada por causa disso. Muito do que a psicoterapia faz é dar às pessoas a oportunidade, a coragem e a possibilidade de experimentarem suas emoções, seus relacionamentos e seus pensamentos de uma maneira diferente de antes.

Não posso dizer a ninguém como seus valores e suas crenças alimentam o que eles devem fazer com suas vidas. Você já está em sua vida recém-restaurada, cheia de amor e dor e sofrimento e sabedoria. Só posso encorajá-lo a permanecer no presente e tentar aprender com o que acontece no dia a dia e com o que funciona para você. Acredito em sua capacidade de resolver seus problemas e de viver uma vida significativa depois de ter passado por uma perda devastadora.

O que aprendi

Quando revisito os momentos que cercam a morte de minha mãe, sou transportada de volta para o antigo hospital de minha cidade natal. Depois daquele voo terrível para Montana que eu estava relutante em pegar, fui direto para lá. Ao pensar na morte dela nos anos que se seguiram, minhas lembranças daquele quarto de hospital ativavam pensamentos dolorosos sobre seu sofrimento, sua ansiedade, sua depressão e as conversas carregadas de culpa que tivemos nos meses que antecederam sua morte. Por muito tempo, meus pensamentos foram basicamente para lamentar não ter sido mais paciente com ela, mais compreensiva. Eu tinha vergonha por não ter passado tempo suficiente com ela. Mas nos últimos anos, quando penso em sua morte, penso em entrar naquele quarto de hospital quando cheguei e descobrir que ela havia entrado em coma. Olhei para ela na cama do hospital. Seu rosto, tão familiar, estava ceroso e amarelo, uma combinação dos efeitos de anos de quimioterapia e da falência do fígado. Mas o notável, o que me chamou a atenção e para onde meus pensamentos retornam agora, foi que nem uma única ruga perturbava sua testa. A testa de minha mãe estava completamente lisa, ao contrário da fronte sulcada característica dela em vida, telegrafando seu tumulto interior. Em suas últimas horas na Terra, ela parecia ter encontrado a paz. Afinal, não precisava de mim para encontrar a paz.

Entrar em contato com a morte quando perdemos um ente querido pode ser avassalador. Pode nos encher de admiração e nos levar a reavaliar nossa visão do mundo, de nossa vida, de nossas relações. A morte nos muda, e não podemos funcionar no mundo da mesma forma que antes. Se você agora entende, profunda e verdadeiramente, que as pessoas que amamos podem desaparecer para sempre, isso muda a forma como amamos, aquilo em que acreditamos e o que valorizamos. Essa reavaliação é uma forma de aprendizagem. Entrar em contato com um grande sofrimento, experimentar a devastação de querer tão desesperadamente que seu ente querido esteja aqui como antes e sofrer a realidade de que não é mais o caso pode ser avassalador. Essas experiências fazem parte da natureza do nascer e do viver. Seremos separados de nossos entes queridos, de formas grandes e pequenas, por morte, divórcio, mal-entendido e até ofensas involuntárias. Passar por esses eventos dolorosos também pode nos unir. Uma vez que tenha experimentado um luto profundo, você entra para toda uma comunidade de pessoas que, de outra forma, você nunca teria compreendido e com a qual nunca teria se solidarizado. Você provavelmente não entraria por essa porta se tivesse escolha. E, ainda assim, aqui está você do outro lado, com conhecimento sobre si mesmo e um cérebro maravilhoso que pode utilizar para construir um novo mundo e navegar por ele.

Agradecimentos

Tendo me tornado especialista em uma área, reconheci que era uma completa novata quando se tratava de publicar um livro, e sou muito grata a algumas pessoas que tanto me encorajaram como me mostraram o caminho. Primeiro, dedico profunda gratidão à minha agente, Laurie Abkemeier, que se arriscou comigo e respondeu a infinitas perguntas com profundo conhecimento do mercado e rapidez tranquilizadora para uma ansiosa autora de primeira viagem. Ela e todos na DeFiore and Company foram muito compreensivos não apenas em relação às questões que uma pesquisadora transformada em autora enfrenta, mas também sobre aquelas subjacentes de justiça social que influenciam quem e o que é publicado, o que causou uma grande impressão em mim. À minha editora, Shannon Welch, que se apaixonou por este livro e o defendeu em meio a incêndios e pandemia, sou muito grata por ter encontrado alguém que realmente entendeu a motivação e também estava disposta a fazer comentários e sugestões detalhadas e criteriosas. Obrigada ao meu segundo editor, Mickey Maudlin, que chegou nos últimos momentos, quando necessário, e levou o livro até o fim. Além disso, Aidan Mahony, Chantal Tom e toda a equipe da HarperOne foram incrivelmente profissionais. Obrigada a Kent Davis, sem cujo incentivo inicial eu nunca teria apresentado a ideia para este livro a uma agente. A Anna Visscher, Andy Steadham, Dave Sbarra e Saren Seeley, cada um dos quais leu o primeiro rascunho na íntegra, sou grata pelo seu tempo e seus comentários gentis sobre o que funcionava bem e o que precisava ser melhorado. A todos os colegas acadêmicos que leram parágrafos ou seções sobre seu próprio trabalho, estou impressionada com sua generosidade em contribuir para a comunicação científica. Obrigada à Tanja, no café NOEN em Utrecht, que ofereceu deliciosos cafés e saborosos sanduíches feitos em pão incrível, mas, mais importante, me deu um destino matinal onde escrever e um caloroso senso de camaradagem quando eu era uma estranha na Holanda. À minha gangue dos jogos de perguntas e respostas, graças a Deus pelas noites de quinta-feira e pelas tardes de domingo. Para todos os meus alunos do Laboratório de Luto, Perda e Estresse Social (GLASS), o comprometimento de nosso grupo de escrita me permitiu escrever diante de tantas outras tarefas importantes. Agradeço profundamente à minha irmã mais velha, Caroline O'Connor, e à minha melhor amiga, Anna Visscher, que têm estado presentes a cada passo em todos os acontecimentos da minha vida e por estarem na outra ponta do telefone a qualquer hora do dia ou da noite. Para Jenn, obrigada por todos os bons anos. A Rick, minha profunda gratidão por me seguir ao redor do mundo enquanto eu escrevia e por viver nossa vida "menos é mais". Aos meus pais, sou grata por sua infinita confiança em mim e por compartilhar o belo processo de sua vida e de sua morte. Finalmente, para as pessoas enlutadas que compartilharam suas histórias comigo durante muitos anos, admiro sua persistência diante de grandes perdas e sua disposição de se envolver com um processo científico que nos dá uma lente a sua mente, seu cérebro e seu espírito.

NOTAS

Introdução

1 Gündel, H.; O'Connor, M. F.; Littrell, L.; Fort, C.; Lane, R. "Functional neuroanatomy of grief: An fMRI study". *American Journal of Psychiatry*, v. 160, p. 1.946-1.953, 2003.

2 Bonanno, G. A. *The Other Side of Sadness:* What the New Science of Bereavement Tells Us about Life after Loss. Nova York: Basic Books, 2009.

1. Caminhando no escuro

1 Tsao, A.; Moser, M. B.; Moser, E. I. "Traces of experience in the lateral entorhinal cortex". *Current Biology*, v. 23, n. 5, p. 399-405, 2013.

2 O'Keefe, J.; Nadel, L. *The Hippocampus as a Cognitive Map*. Nova York: Oxford University Press, 1978.

3 *Meerkat Manor*, temporada 1, Discovery Communications, *Animal Planet*, produzida pela Oxford Scientific Films para o Animal Planet, International Southern Star Entertainment UK PLC, produtores Chris Barker e Lucinda Axelsson.

4 Bowlby, J. *Attachment*. 2. ed. Vol. 1: *Attachment and Loss*. Nova York: Basic Books, 1982.

2. Procurando proximidade

1 Aron, A.; McLaughlin-Volpe, T.; Mashek, D.; Lewandowski, G.; Wright, S. C.; Aron, E. N. "Including others in the self". *European Review of Social Psychology*, v. 15, n. 1, p. 101-132, 2004. Disponível em: https://doi.org/10.1080/10463280440000008.

2 Trope, Y.; Liberman, N. "Construal level theory of psychological distance". *Psychological Review*, v. 117, n. 440, 2010.

3 Parkinson, C.; Liu, S.; Wheatley, T. "A common cortical metric for spatial, temporal, and social distance". *Journal of Neuroscience*, v. 34, n. 5, p. 1.979-1.987, 2014.

4 Tavares, R. M.; Mendelsohn, A.; Grossman, Y.; Williams, C. H.; Shapiro, M.; Trope, Y.; Schiller, D. "A map for social navigation in the human brain". *Neuron*, v. 87, p. 231-243, 2015.

5 Shear, M. K. "Grief is a form of love". In: Neimeyer, R. A. (ed.). *Techniques of grief therapy*: Assessment and intervention. Abingdon: Routledge/Taylor & Francis Group, 2016, p. 14-18.

6 Collins, K. L. et al. "A review of current theories and treatments for phantom limb pain". *Journal of Clinical Investigation*, v. 128, n. 6, p. 2.168, 2018.

7 Rizzolatti, G.; Sinigaglia, C. "The mirror mechanism: A basic principle of brain function". *Nature Reviews Neuroscience*, v. 17, p. 757-765, 2016.

8 Harrison, N. A.; Wilson, C. E.; Critchley, H. D. "Processing of observed pupil size modulates perception of sadness and predicts empathy". *Emotion*, v. 7, n. 4, p. 724-729, 2007.

3. Acreditando em pensamentos mágicos

1 Smith, D. "Love that dare not speak its name". *The New York Times*, 7 fev. 2004. Disponível em: https://www.nytimes.com/2004/02/07/arts/love-that-dare-not-squeak-its-name.html.

2 Cronin, K.; van Leeuwen, E. J. C.; Mulenga, I. C.; Bodamer, M. D. "Behavioral response of a chimpanzee mother toward her dead infant". *American Journal of Primatology*, v. 73, p. 415-421, 2011.

3 Tranel D.; Damasio A. R. "The covert learning of affective valence does not require structures in hippocampal system or amygdala". *Journal of Cognitive Neuroscience*, v. 5, n. 1, p. 79-88, 1993.

4 Ibid.

4. Adaptando-se ao longo do tempo

1 "Elisabeth Kübler-Ross". *BMJ*, v. 329, p. 627, 2004. Disponível em: https://doi.org/10.1136/bmj.329.7466.627.

2 Holland, J. M.; Neimeyer, R. A. "An examination of stage theory of grief among individuals bereaved by natural and violent causes: A meaning-oriented contribution". *Omega*, v. 61, n. 2, p. 103-120, 2010.

5. Desenvolvendo complicações

1 Galatzer-Levy, I. R.; Bonanno, G. A. "Beyond normality in the study of bereavement: Heterogeneity in depression outcomes following loss in older adults". *Social Science & Medicine*, v. 74, n. 12, p. 1.987-1.994, 2012.

2 Freud, S. *Mourning and Melancholia*, vol. xiv. In: The Standard Edition of the Complete Psychological Works of Sigmund Freud (1914-1916): *On the History of the Psycho-Analytic Movement, Papers on Metapsychology and Other Works*, p. 237-258, 1917. Disponível em: https://www.pep-web.org/document.php?id=se.014.0237a.

3 Prigerson, H. G.; Shear, M. K.; Jacobs, S. C.; Reynolds, C. F.; Maciejewski, P. K.; Pilkonis, P. A.; Wortman, C. M.; Williams, J. B. W.; Widiger, T. A.; Davidson, J.; Frank, E.; Kupfer, D. J.; Zisook, S. "Consensus criteria for traumatic grief: A preliminary empirical test". *British Journal of Psychiatry*, v. 174, p. 67-73, 1999.

4 Saavedra Pérez, H. C.; Ikram, M. A.; Direk, N.; Prigerson, H. G.; Freak-Poli, R.; Verhaaren, B. F. J. et al. "Cognition, structural brain changes and complicated grief: A population-based study". *Psychological Medicine*, v. 45, n. 7, p. 1.389-1.399, 2015. Disponível em: doi:10.1017/S0033291714002499.

5 Saavedra Pérez, H. C.; Ikram, M. A.; Direk, N.; Tiemeier, H. "Prolonged grief and cognitive decline: A prospective population-based study in middle-aged and older persons". *American Journal of Geriatric Psychiatry*, v. 26, n. 4, p. 451-460, 2018.

6 MacCallum, F.; Bryant, R. A. "Autobiographical memory following cognitive behaviour therapy for complicated grief". *Journal of Behavior Therapy and Experimental Psychiatry*, v. 42, p. 26-31, 2011.

7 Shear, M. K.; Wang, Y.; Skritskaya, N.; Duan, N.; Mauro, C.; Ghesquiere A. "Treatment of complicated grief in elderly persons: A randomized clinical trial". *JAMA Psychiatry*, v. 71, n. 11, p. 1.287-1.295, 2014.

8 Boelen, P. A.; de Keijser, J.; van den Hout, M. A.; van den Bout, J. "Treatment of complicated grief: A comparison between cognitive-behavioral therapy and supportive counseling". *Journal of Consulting and Clinical Psychology*, v. 75, p. 277-284, 2007.

6. Ansiando pelo seu ente querido

1 Moscovitch, M.; Winocur, G.; Behrmann, M. "What is special about face recognition? Nineteen experiments on a person with visual object agnosia and dyslexia but normal face recognition". *Journal of Cognitive Neuroscience*, v. 9, n. 5, p. 555-604, 1997.

2 Wang, H.; Duclot, F.; Liu, Y.; Wang, Z.; Kabbaj, M. "Histone deacetylase inhibitors facilitate partner preference formation in female prairie voles". *Nature Neuroscience*, v. 16, p. 919-924, 2013. Disponível em: https://doi.org/10.1038/nn.3420.

3 Holt-Lunstad, J.; Smith, T. B.; Layton, J. B. "Social relationships and mortality risk: A meta-analytic review". PLOS *Medicine*, v.7, n. 7, p. e1000316, 2010. Disponível em: doi:10.1371/ journal.pmed.1000316.

4 O'Connor, M. F.; Wellisch, D. K.; Stanton, A. L.; Eisenberger, N. I.; Irwin, M. R.; Lieberman, M. D. "Craving love? Complicated grief activates brain's reward center". *NeuroImage*, v. 42, p. 969-972, 2008.

5 Costa, B.; Pini, S.; Gabelloni, P.; Abelli, M.; Lari, L.; Cardini, A.; Muti, M.; Gesi, C.; Landi, S.; Galderisi, S.; Mucci, A.; Lucacchini, A.; Cassano, G. B.; Martini, C. "Oxytocin receptor polymorphisms and adult attachment style in patients with depression". *Psychoneuroendocrinology*, v. 34, n. 10, p. 1.506-1.514, nov. 2009.

6 Tomizawa, K.; Iga, N.; Lu, Y. F.; Moriwaki, A.; Matsushita, M.; Li, S. T.; Miyamoto, O.; Itano, T.; Matsui, H. "Oxytocin improves long-lasting spatial memory during motherhood through MAP kinase cascade". *Nature Neuroscience*, v. 6, n. 4, p. 384-390, abr. 2003.

7. A sabedoria para discernir

1 O'Connor, M. F.; Sussman, T. "Developing the Yearning in Situations of Loss scale: Convergent and discriminant validity for bereavement, romantic breakup and homesickness". *Death Studies*, v. 38, p. 450-458, 2014. Disponível em: doi: 10.1080/07481187.2013.782928.

2 Robinaugh, D. J.; Mauro, C.; Bui, E.; Stone, L.; Shah, R.; Wang, Y.; Skritskaya, N. A.; Reynolds, C. F.; Zisook, S.; O'Connor, M. F.; Shear, K.; Simon, N. M. "Yearning and its measurement in complicated grief". *Journal of Loss and Trauma*, v. 21, n. 5, p. 410-420, 2016. Disponível em: doi:10.1080/15325024.2015.1110447.

3 Rubin, D. C.; Dennis, M. F.; Beckham, J. C. "Autobiographical memory for stressful events: The role of autobiographical memory in posttraumatic stress disorder". *Consciousness and Cognition*, v. 20, p. 840-856, 2011.

4 Hall, S. A.; Rubin, D. C.; Miles, A.; Davis, S. W.; Wing, E. A.; Cabeza, R.; Berntsen, D. "The neural basis of involuntary episodic memories". *Journal of Cognitive Neuroscience*, v. 26, p. 2.385-2.399, 2014. Disponível em: doi: 10.1162/jocn_a_00633.

5 Bonanno, G. A.; Keltner, D. "Facial expressions of emotion and the course of conjugal bereavement".*Journal of Abnormal Psychology*, v. 106, n. 1, p. 126-137, fev. 1997. Disponível em: doi: 10.1037//0021-843x.106.1.126.

6 Kahneman, D.; Thaler, R. H. "Utility maximization and experienced utility". *Journal of Economic Perspectives*, v. 20, n. 1, p. 221-234, 2006. Disponível em: doi:10.1257/089533006776526076.

7 Maciejewski, P. K.; Zhang, B.; Block, S. D.; Prigerson, H. G. "An empirical examination of the stage theory of grief". *Journal of the American Medical Association*, v. 297, n. 7, p. 716-723, 2007, errata: *JAMA*, v. 297, n. 20, p. 2.200, 23 maio 2007.

8. Passando tempo no passado

1 Treynor, W.; Gonzalez, R.; Nolen-Hoeksema, S. "Rumination reconsidered: A psychometric analysis". *Cognitive Therapy and Research*, v. 27, n. 3, p. 247-259, jun. 2003.

2 Eisma, M. C.; Stroebe, M. S.; Schut, H. A.; van den Bout, J.; Boelen, P. A.; Stroebe, W. "Development and psychometric evaluation of the Utrecht Grief Rumination Scale". *Journal of Psychopathology and Behavioral Assessment*, v. 36, p. 165-176, 2014. Disponível em: doi:10.1007/s10862–013–9377-y.

3 Eisma, M. C.; Stroebe, M. S.; Schut, H. A.; van den Bout, J.; Boelen, P. A.; Stroebe, W. "Adaptive and maladaptive rumination after loss: A three-wave longitudinal study". *British Journal of Clinical Psychology*, v. 54, p. 163-180, 2015. Disponível em: https://doi.org/10.1111/bjc.12067.

4 Stroebe, M. S. et al. "Ruminative coping as avoidance: A reinterpretation of its function in adjustment to bereavement". *European Archives of Psychiatry and Clinical Neuroscience*, v. 257, p. 462-472, 2007. Disponível em: doi:10.1007/s00406–007–0746-y.

5 Eisma, M. C.; Stroebe, M. S.; Schut, H. A.; van den Bout, J.; Boelen, P. A.; Stroebe, W. "Rumination and implicit avoidance following bereavement: an approach avoidance task investigation". *Journal of Behavior Therapy and Experimental Psychiatry*, v. 47, p. 84-91, jun. 2015. Disponível em: doi:10.1016/j.jbtep.2014.11.010.

6 Eisma, M. C.; Stroebe, M. S.; Schut, H. A.; van den Bout, J.; Boelen, P. A.; Stroebe, W. "Is rumination after bereavement linked

with loss avoidance? Evidence from eye-tracking". PLOS *One*, v. 9, p. e104980, 2014. Disponível em: http://dx.doi.org/10.1371/journal.pone.0104980.

7 Rose, A. J.; Carlson, W.; Waller, E. M. "Prospective associations of co-rumination with friendship and emotional adjustment: Considering the socioemotional trade-offs of co-rumination". *Developmental Psychology*, v. 43, n. 4, p. 1.019-1.031, 2007. Disponível em: doi:10.1037/0012–1649.43.4.1019.

9. Mantendo-se no presente

1 Warner, J.; Metcalfe, C.; King, M. "Evaluating the use of benzodiazepines following recent bereavement". *British Journal of Psychiatry*, v. 178, n. 1, p. 36-41, 2001.

2 Cook, J. M.; Biyanova, T.; Marshall, R. "Medicating grief with benzodiazepines: Physician and patient perspectives". *Archives of Internal Medicine*, v. 167, n. 18, 8 out. 2007. Disponível em: doi:10.1001/archinte.167.18.2006.

3 Seeley, W. W.; Menon, V.; Schatzberg, A. F.; Keller, J.; Glover, G. H.; Kenna, H. et al. "Dissociable intrinsic connectivity networks for salience processing and executive control". *Journal of Neuroscience*, v. 27, p. 2.349-2.356, 2007.

4 Creswell, J. D.; Taren, A. A.; Lindsay, E. K.; Greco, C. M.; Gianaros, P. J.; Fairgrieve, A.; Marsland, A. L. et al. "Alterations in resting-state functional connectivity link mindfulness meditation with reduced interleukin-6: A randomized controlled trial". *Biological Psychiatry*, v. 80, p. 53-61, 2016. Disponível em: http://dx.doi.org/10.1016/j.biopsych.2016.01.008.

11. Ensinando o que você aprendeu

1 Bruijniks, S. J. E.; DeRubeis, R. J.; Hollon, S. D.; Huibers, M. J. H. "The potential role of learning capacity in cognitive behavior therapy for depression: A systematic review of the evidence and future directions for improving therapeutic learning". *Clinical Psychological Science*, v. 7, n. 4, p. 668-692, 2019. Disponível em: https://doi.org/10.1177/2167702619830391.

2 Dweck, C. S. *Mindset*. Nova York: Random House, 2006. [Ed. bras.: *Mindset:* a nova psicologia do sucesso. Trad. S. Duarte. Rio de Janeiro: Objetiva, 2017.]

Este livro, composto na fonte Fairfield, foi impresso
em papel Ivory Slim 65g/m², na gráfica Vozes.
Rio de Janeiro, novembro de 2024.